Forschung und Praxis an der FHWien der WKW

AF167543

Die Schriftenreihe der FHWien der WKW richtet sich an Fach- und Führungskräfte in Unternehmen, an Experten aus Wissenschaft und Wirtschaft sowie an Studierende und Lehrende. Zu den vorrangigen Themengebieten zählen Unternehmensführung, Finanzwirtschaft, Immobilienwirtschaft, Journalismus und Medien, Kommunikationsmanagement, Marketing und Sales, Personal und Organisation ebenso wie Unternehmensethik und Hochschuldidaktik. In den einzelnen Bänden werden neue Entwicklungen und Herausforderungen der wirtschaftlichen Praxis mit innovativen Ansätzen untersucht. Aufbauend auf den Ergebnissen der vielfältigen Forschungs- und Entwicklungsaktivitäten werden wissenschaftlich fundierte Handlungsempfehlungen und Werkzeuge für die Praxis vorgestellt.

Durch die systematische Verbindung von Wissenschaft und Praxis unterstützt die Reihe die Leser in der fundierten Erweiterung ihres Wissens und ihrer Kompetenzen in aktuellen Handlungsfeldern der Wirtschaftspraxis.

Weitere Bände in dieser Reihe
http://www.springer.com/series/13442

Klaus-Peter Fritz • Daniela Wagner

(Hrsg.)

Forschungsfeld Gastronomie

Grundlagen – Einstellungen – Konsumenten

Herausgeber
Klaus-Peter Fritz
Daniela Wagner

Institut für Tourismus-Management
FHWien der WKW
Wien
Österreich

Forschung und Praxis an der FHWien der WKW
ISBN 978-3-658-05194-5   ISBN 978-3-658-05195-2 (eBook)
DOI 10.1007/978-3-658-05195-2

Die Deutsche Nationalbibliothek verzeichnet diese Publikation in der Deutschen Nationalbibliografie; detaillierte bibliografische Daten sind im Internet über http://dnb.d-nb.de abrufbar.

Springer Gabler

Coverfoto: © FHWien der WKW/Andreas Balon
Lektorat: Stefanie Brich, Claudia Hasenbalg

Gedruckt auf säurefreiem und chlorfrei gebleichtem Papier

Springer Fachmedien Wiesbaden ist Teil der Fachverlagsgruppe Springer Science+Business Media
(www.springer.com)

Geleitwort

Wo der Bauch Gesetz ist

Wir saßen wie die Uhus zusammen und schauten wohl auch so drein. Michael Mair, Leiter des Instituts für Tourismus-Management an der FH Wien der WKW und ich. Wir besprachen den Niedergang einer österreichischen Errungenschaft: des traditionellen Gasthauses. Wir beklagten und analysierten und diskutierten – in einem Gasthaus. Irgendeinem ganz normalen Gasthaus in Wien, von denen es doch immer noch erfreulich viele gibt.

Aber wie lange noch? Wie lange haben die Wirte Lust darauf, sich bei niedrigen Preisen und immer höheren gesetzlichen Auflagen selbst auszubeuten? Sie finden kein Personal mehr, weil sie es nicht anständig bezahlen können und weil das potenzielle Personal keine Lust mehr auf familien- und freizeitunfreundliche Arbeitszeiten hat. Also muss die Küche früh am Abend und am Wochenende geschlossen werden, worüber sich potenzielle Gäste mit anderen Arbeitszeiten wie wir, gerne beschweren.

Mittlerweile hat eine marinierte „Haussulz" unseren Tisch erreicht. Vom Wirt selbst eingelegt.

Köstlich.

Die Wirte finden auch keine Nachfolger mehr. Ihre Kinder, oft im Gasthaus aufgewachsen, weil beide Eltern das Gasthaus führten, träumen von anderen beruflichen Betätigungsfeldern. Auch Tourismusschulen und Fachhochschulen, wie die von meinem Gesprächspartner, werden nicht (mehr) von potenziellen Wirtsleuten und Hoteliers überrannt. Besonders die weiterführenden „höheren" (Master-)Studiengänge rittern um Teilnehmer.

Die frisch gezapften Biere, von der freundlichen Kellnerin vor uns auf dem gemütlichen Holztisch platziert, schmecken höchst erfrischend an diesem lauen Sommerabend.

Das mit den (noch) wenigen Masterstudenten im Bereich Gastronomie und Touristik könnte auch daran liegen, dass dieser Fachbereich und diese Wissenschaft noch nicht lange etabliert sind. Was die wenigen gastronomisch-touristischen Wissenschaftler selbst zugeben: Die Gastronomie konnte sich trotz wiederholter Bemühungen seit der Antike als eigenständige Wissenschaft nicht durchsetzen. Klug geschriebene Gastrosophie ersetzt nicht einen nachprüfbaren wissenschaftlichen Ansatz. Allerdings wird durchaus über Essen als „Kulturleistung" geforscht – innerhalb einer Vielzahl wissenschaftlicher

Disziplinen: Ethnologen und Historiker untersuchen die Rolle des Essens in unterschiedlichen Sozialstrukturen und Zeiten, Kulturwissenschaftler betrachten Essen und Trinken als Spiegelbild der Kultur eines Landes und seiner Bewohner, Soziologen sehen im Essverhalten auch eine Form der Herrschaftsausübung und des Klassenkampfes.

Auch die Wirtschaftswissenschaften haben die ökonomische Bedeutung der Gastronomen erkannt: 2014 wird der Gastronomiesektor weltweit knapp eine Billion Dollar erwirtschaften. Mehr als 50 % werden durch Cafés und Restaurants generiert. Das bedeutet ein Wachstum von 18 % innerhalb von fünf Jahren. Im Jahr 2012 erwirtschaftete die Gastronomie in Österreich 8,41 Mrd. € und belegte damit mit 27,2 % Anteil am „Gesamtkonsum der tourismus-charakteristischen Dienstleistungen" den zweiten Platz hinter den Beherbergungsleistungen.

Mittlerweile sind wir beim Schweinsbraten angekommen. Die Sauce hat noch nie eine pulverförmige Nachhilfe gesehen und wird vermutlich seit Generationen so gemacht. Weil man sie nicht mehr besser machen kann. Weil hier die Ehre des Gastronomen auf dem Spiel steht. Sollen wir aufspringen, in die Küche eilen und ihm die Hand schütteln?

Wir beschließen weiter zu theoretisieren: Über den Nutzen der Wissenschaft für den Gastronomen.

Die Forscher in diesem Bereich leisten mit all ihren Studien einen großen Beitrag zum Forschungsverständnis der jeweiligen Disziplinen – „oft aber eben nur innerhalb des eigenen Forschungsfeldes", wie die Mit-Herausgeberin dieses Buches, Daniela Wagner, beklagt. „Transdisziplinäre, also disziplinenübergreifende Zusammenarbeit stellt eher eine Ausnahme dar." Ihnen fehle die „gastronomische Perspektive": Die wissenschaftlichen Erkenntnisse aus diesen Studien auf geeignete Art und Weise für „Entwicklung, Produktion, Verarbeitung, Distribution, Verkauf und Konsumation von Essen und Trinken anzuwenden" gelang bis vor kurzem nicht.

Doch seit etwa zwanzig Jahren sind gastronomische Forschungsarbeiten erschienen, die diese Lücke schließen (könnten). Auch dieses Buch der FHWien der WKW, Fachbereich Tourismus-Management, ist ein Beispiel dafür. Hier wird unter anderem der befruchtende Zusammenhang zwischen Kulinarik und Tourismus untersucht (Culinary Tourism), ein Bereich, auf den gerade in Österreich immer mehr Touristiker setzen. Vermehrt kommen Menschen nach Österreich oder verreisen innerhalb Österreichs, weil sie gut und regionaltypisch essen wollen.

Wir Fachjournalisten haben schon fast vergessen, dass das eine eher neue Entwicklung ist. Daniela Wagner erinnert uns daran, dass in der Tourismusbranche erst seit den Nullerjahren des 21. Jahrhunderts gastronomische Reiseprodukte explizit angeboten werden. Erst in den letzten Jahren hat man angesichts einer massiv steigenden Nachfrage gastronomische Leistungen als „touristisches Differenzierungsmerkmal", als „Treiber für lokale wirtschaftliche Entwicklung" und als „Integrationselement für verschiedene Akteure" (Landwirte, Hoteliers, Küchenchefs, Lebensmittelhändler) entdeckt. Dabei entfällt seit Langem rund ein Drittel der touristischen Gesamtausgaben auf die Konsumation von Speisen und Getränken. Aber die hat man einfach als willkommene Einnahmequelle mitgenommen. Essen müssen die Leute schließlich immer. Dass da mehr herauszuholen ist, dass es da neue Zielgruppen mit höheren Ansprüchen gibt, hat man erst kürzlich erkannt. Jetzt spricht man vom „Gourmet Tourism". Aber auch den kann man zielgruppenspezifisch durchdeklinieren, wie Wagner vorführt: Wichtige Erkenntnisse für Destinationsmanager nicht nur in Österreich, aber gerade in Österreich.

Sollen wir noch die Somlauer Nockerln bestellen? Wir sollen!

Ein wichtiger und oft in der medialen und (vermutlich) auch wissenschaftlichen Beschäftigung eher stiefmütterlich behandelter Bereich ist die Gemeinschaftsverpflegung. Hier setzt UMBESA an, ein wissenschaftliches Projekt, das die Umsetzung nachhaltiger Speisepläne und einen verstärkten Einsatz von biologischen, regionalen und saisonalen Lebensmitteln in Betriebsküchen untersucht. Die Wissenschaftler wissen: Die Angebotsgestaltung gehört zu den schwierigsten Managementaufgaben in der Gastronomie – gerade in Großküchen. „Um Veränderungsprozesse in der Gemeinschaftsverpflegung erfolgreich gestalten zu können, ist es daher wichtig, dass Anbieter ihre Zielgruppe kennen und klar definieren."

Ja, nicken wir, während wir unsere Gabeln in die Nockerlpracht fahren lassen, genau darum geht es im Haubenlokal, wie im Gasthaus, wie im Kaffeehaus, wie im Heurigen, wie in der Kantine: (Er)kenne deinen Kunden! Biete ihm, was er wirklich will! Nicht, was du glaubst, was er haben möchte. Oder was für dich am bequemsten ist. Weil du das schon immer so gemacht hast. Am Saft für den Schweinsbraten musst du vielleicht nichts mehr ändern, aber eventuell an der Einrichtung, am Weinangebot oder am generellen Fleischanteil auf deiner Karte.

„Wenn Österreicher in ihrer Freizeit zunehmend nachhaltige Lebensmittel konsumieren, warum dann nicht auch in der Mittagspause im Betriebsrestaurant?", fragen zurecht die Forscher von UMBESA. „Weil die Leut' nichts bezahlen wollen, weil wir das in unseren Strukturen nur schwer umsetzen können", schallt es ihnen aus den Betriebsküchen entgegen. „Stimmt nicht immer", sagen die Forscher und beweisen das in ihrer Studie in den Kantinen zweier öffentlicher Institutionen, einer Schule, einem Krankenhaus und einem Bankunternehmen. Man müsse allerdings seine Zielgruppe kennen, spezifische Angebote machen und dann auch diese Angebote und ihre Hintergründe (u. a. „Nachhaltigkeit" oder gesundheitliche Aspekte) intelligent kommunizieren.

Die Forscher haben zum Beispiel herausgefunden, dass auch in Betriebsküchen fast ein Drittel der Besucher als (kulinarische) „Idealisten" zu bezeichnen sind: Sie haben ein starkes Verantwortungs- und Umweltbewusstsein, ernähren sich gesund und bewusst aus eigener Überzeugung (und nicht weil es gerade Mode ist), sie würden gerne mehr regionale, biologische und fair gehandelte Lebensmittel konsumieren. Und wären dafür auch bereit, etwas mehr zu bezahlen. Immerhin ist das die größte Gruppe in Kantinen, wie die Wissenschaftler herausgefunden haben, noch vor den „Lifestyle-Typen" (gesundheitsbewusst, kalorienreduziert, zunehmend vegetarisch, Anteil 23 %), „Genießern" (Interesse am Einkaufen und Kochen, Genuss vor Gesundheit, hoher Fleischkonsum, hohe Zahlungsbereitschaft für hohe Qualität, eher älter, 17 %), „Fast-Food-Typen" (geringes Interesse an Umwelt- und Nachhaltigkeitsthemen, kein Gesundheitsbewusstsein, eher jünger, 14 %), „Regionalen Traditionalisten" (geringes Gesundheitsbewusstsein, keine Nachfrage nach

Bio- oder Fairtradeprodukten, aber auch nicht nach Fertiggerichten und Fast Food, 8 %) und schließlich „Fitness-Typen" (kein Umweltbewusstsein, Interesse an Gesundheit, Essen und Kochen „muss funktionieren", hoher Fleischkonsum, hauptsächlich junge Männer, 7 %).

Man kann davon ausgehen, dass die Zusammensetzung in anderen Lokalen und Gaststätten auch nicht wesentlich anders ist. Bei Betriebsküchen kommt allerdings erschwerend hinzu, dass gerade die größte Zielgruppe, die „Idealisten", dem durchschnittlichen Angebot von Kantinen besonders kritisch gegenüber steht. Aber man kann auch sie gewinnen, wie die Studie in diesem Buch beweist – und muss deshalb nicht die „Fast-Food-Typen" und alle anderen vergraulen.

Wir bestellen noch einen kleinen Schwarzen zum Abschluss. Zum Weintrinken sind wir gar nicht gekommen. Irgendwie hat dieses Lokal dazu auch nicht eingeladen.

Das sei durchaus typisch, meinen die Verfasser eines weiteren Beitrags in diesem Buch. Sie haben als „Mystery-Shopper" das Weinangebot in Wiener Szenelokalen untersucht und mit vielen Gästen über ihre Zufriedenheit mit Angebot und Service gesprochen und sind dabei zu spannenden Ergebnissen gekommen. Die Mehrheit der Gäste auch in Szenelokalen mit einem reichhaltigen Weinangebot sind immer noch Weinlaien. Ihnen wird viel zu häufig „durch falsche und/oder fehlende Informationen die Möglichkeit genommen, auf angenehme und leichte Art und Weise ihre Weinauswahl zu treffen". Dazu gehören „unverständliche Abkürzungen oder abstruse sensorische Beschreibungen", die sie nur verwirren und überfordern. Das führt dazu, dass sie anstelle von Wein entweder Bier oder ein anderes Getränk bestellen. Oder gar keines.

Die Wissenschaftler und die von ihnen befragten Gäste sind überwiegend zufrieden mit dem Service. Sie schätzen ihn überwiegend als freundlich und flott ein: Vom Eintreffen der Teams am Tisch bis zum Bestellen vergingen durchschnittlich 4:47 min. Bis der gewünschte Wein auf dem Tisch stand, dauerte es im Schnitt lediglich 3:40 min. Die „Mystery-Shopper" hatten dennoch den Eindruck, dass das Weinwissen beim oft ungelernten Service eher auswendig gelernt war – was sie nicht befriedigte. Besonders negativ fiel die Temperatur des servierten Weins auf. Diese war fast immer zu warm, besonders beim Rotwein. Die Feldstudie wurde im Frühjahr durchgeführt, dennoch wurden Spitzentemperaturen von 27 Grad beim Rotwein gemessen! Oder er war 12 Grad kalt. Im Schnitt lag die Temperatur bei 21,26 Grad, was immer noch weit über den empfohlenen rund 16 Grad liegt. Aber fragen Sie mal in einem Wirtshaus nach einem leicht gekühlten Glas Zweigelt! Die Kellner werden sie verständnislos ansehen und fragen, ob was mit dem Wein nicht stimme…

Herr Wirt, zahlen bitte!

Auch wenn Wirte selten die Zeit finden werden, wissenschaftliche Studien zu lesen, sie sollten es dennoch tun. Oder sich zumindest mit den wesentlichen Ergebnissen der wissenschaftlichen Arbeiten zu ihrer Branche, zu ihren Herausforderungen und Verbesserungspotenzialen beschäftigen. Denn da steckt viel bares Geld drin, Möglichkeiten zur besseren Positionierung, zur Umsatzsteigerung, zur Gästebindung. Was auch ein weiterer Beitrag zu den kulinarischen Grundeinstellungen der Gäste in der Wiener Gastronomie in diesem Buch bestätigt. Oder der Beitrag zu (neuen) Möglichkeiten der Marktforschung in der Gastronomie.

Die Ergebnisse dieser Forschung einer breiten (Fach-)Öffentlichkeit zugänglich zu machen, darin sehe ich auch eine meiner Aufgaben als Chefredakteur der Österreichischen Gastronomie- und Hotelzeitung ÖGZ. Deshalb wünsche ich den österreichischen Hochschulen und gastronomischen Wissenschaftlern noch viele weitere Möglichkeiten zum Forschen im Bereich Gastronomie, Hospitality und Tourismus. Wir könnten davon alle profitieren!

PS: Michael Mair und ich waren uns beim Verlassen des Gasthauses sicher, dass das vermeintliche Sterben des traditionellen Gasthauses genauso wenig eintreten wird wie das prognostizierte Kaffeehaussterben in den 1980ern. Es wird zu einer teilweise schmerzlichen Umstrukturierung kommen, einige weniger profitable Lokale werden schließen müssen, man nennt das etwas euphemistisch „Marktbereinigung". Es könnte auch zu (weiteren) Konzentrierungen kommen, mehr Systemgastronomie, mehr Franchise, weil das betriebswirtschaftlich oft mehr Sinn macht. Aber das bedeutet nicht, dass unabhängige Unternehmen keine Chance mehr hätten. Wer sich auf veränderte Gästewünsche und Marktbedingungen einzustellen weiß, wird überleben. So wie das Wiener Kaffeehaus, so wie das Beisl, das seit Jahren als „Neobeisl" fröhliche Urständ' feiert.

Wir drehen um und trinken an der wunderschönen alten Schank mit dem Wirt doch noch eine Marille. Vermutlich hat er sie selbst gebrannt. Oder er kennt einen engagierten, qualitätsbewussten Schnapsbrenner. Von denen gibt es ja Gott sei Dank einige in Österreich. Und die sind nicht vom Aussterben bedroht. So lange keine Prohibition eingeführt wird. Aber davon ist gerade in Österreich nicht auszugehen.

Wien, im September 2014   Thomas Askan Vierich
                                                  Chefredakteur der Österreichischen
                                            Gastronomie- und Hotelzeitung ÖGZ

Vorwort

Gastronomie ist...

... ein Begriff für das Gastgewerbe ... Teil der Kultur eines Landes/einer Destination ... Genuss ... Erlebnis ... ein Wirtschaftsfaktor ... Anreiz für touristische Entwicklung und Teil des touristischen Angebots ... Ausdruck individueller Lebensstile und persönlicher Präferenzen ... Spiegelbild für Ernährungs-/Konsumationsverhalten und Trends ... kulinarische Vielfalt.

Essen und Trinken ist für uns Menschen eine physiologische Notwendigkeit. Seit jeher begleitet uns die Beschäftigung mit Essen und Trinken als elementarer Teil unseres Lebens. Damit untrennbar verbunden ist, über alle Epochen der Zeitgeschichte, die Entwicklung der Gastronomie. Als dynamisches, komplexes System und Querschnittsphänomen weist Gastronomie – vergleichbar etwa mit Tourismus oder Architektur – Anknüpfungspunkte und Überschneidungen mit einer Vielzahl von Disziplinen und Bereichen auf. Technologische Innovationen, die Auswirkungen der Globalisierung und verändertes Ernährungs- und Konsumationsverhalten bewirkten Änderungen im Bereich der industriellen (Massen-)Produktion, der Standardisierung und der Interaktion mit dem Gast. Gleichzeitig – quasi als gegenläufige Entwicklung – ist ein zunehmend regional orientiertes (Qualitäts-)Bewusstsein und verstärkt der Wunsch nach Authentizität und Individualität erkennbar. Dieses Spannungsfeld bietet zahlreiche Anknüpfungspunkte für eine wissenschaftliche Auseinandersetzung mit gastronomischen Fragestellungen. Gerade während der vergangenen Jahrzehnte ist das Interesse daran beständig gestiegen.

Ziel dieses Buches ist es, einerseits die Komplexität und Vielschichtigkeit des Bereichs Gastronomie aufzuzeigen und andererseits die Entwicklung als wissenschaftliche Disziplin zu beleuchten. Am Institut für Tourismus-Management der FHWien der WKW hat sich die – ursprünglich aus einem persönlichen Interesse entstandene – Auseinandersetzung mit gastronomischen Themenstellungen, insbesondere die Verbindung von Tourismus und Gastronomie, in einem eigenen Forschungsschwerpunkt etabliert.

Die Inhalte des Buches richten sich gleichermaßen an Gastronomen, Tourismusmanager und Wissenschaftler sowie alle am Thema Interessierten. Die Ergebnisse zeigen Anwendungsmöglichkeiten sowohl für die Gastronomie – als auch für die Tourismusbranche und bieten gleichzeitig Potential für weiterführende Forschungsarbeiten. Neben gastronomischen Grundlagen und der Verknüpfung von Gastronomie und Tourismus beschäftigen sich einige Kapitel mit Forschungs- und Studienergebnissen zu aktuellen gastronomisch-touristischen Fragestellungen.

Zu Beginn wird in Kapitel eins die Genese und historische Entwicklung des Begriffs Gastronomie beleuchtet und die Bandbreite unterschiedlicher Begriffsdefinitionen diskutiert. Zentrales Thema ist der wissenschaftliche Diskurs und die zunehmend stärker werdende Wahrnehmung von Gastronomie als Forschungsfeld.

Der Endbericht zum Forschungsprojekt „Die kulinarischen Grundeinstellungen von Gästen der Wiener Gastronomie" ist Inhalt des zweiten Kapitels. Im Rahmen dieser Studie wurden 1.611 Gäste der Wiener Gastronomie, konkret in den Betriebsarten „Restaurant mit Schwerpunkt österreichische Küche", „Wiener Wirtshaus", „Kaffeehaus" und „Heuriger" zu ihren kulinarischen Grundeinstellungen befragt. Die Analyse der Ergebnisse mündete in acht grundlegende Typologien, denen die Gäste entsprechend ihrer kulinarischen Grundeinstellungen zugeordnet wurden. Die einzelnen Gästetypologien gewähren Rückschlüsse auf die soziodemographische Zusammensetzung sowie Ernährungsverhalten und -präferenzen. Innerhalb der jeweiligen in der Studie untersuchten Betriebsarten zeigen sich signifikante Unterschiede. Diese Erkenntnisse bieten Gastronomen Optimierungspotential in Bezug auf Produkt- und Angebotsgestaltung, Zielgruppenansprache und Positionierung.

Kapitel drei präsentiert Ergebnisse aus der Studie UMBESA, welche sich mit der Umsetzung nachhaltiger Speisepläne in der Gemeinschaftsverpflegung beschäftigt. Im Mittelpunkt steht dabei der Einsatz regionaler, saisonaler und biologischer Lebensmittel sowie frisch zubereiteter Speisen. Die Veränderungs- und Wandlungsprozesse der teilnehmenden Betriebe werden anhand von Kotters 8-Stufen-Prozess (1996) dargestellt und daraus Erfolgsfaktoren und Handlungsfelder am Weg zu einer größeren Nachhaltigkeit in Großküchen abgeleitet. Ein Teilprojekt fokussiert darauf, wie Speisepläne in der Gemeinschaftsverpflegung in Richtung Nachhaltigkeit verändert werden können. Konkret wird die Vorgehensweise bei der Veränderung des Speisenangebots untersucht und analysiert, wie sich die Kundenzufriedenheit dadurch entwickelt hat.

Die grundlegende Bedeutung von Gastronomie im Tourismus und die vielfältigen Einsatz- und Anwendungsmöglichkeiten sowohl in wissenschaftlicher als auch in praktischer Hinsicht sind zentrales Thema im vierten Kapitel. Insbesondere das Konzept Culinary Tourism (dt. kulinarischer Tourismus) wird näher beleuchtet und die Einordnung in das Forschungsfeld Gastronomie herausgearbeitet.

Wein in der Wiener Szenegastronomie wird in Kapitel fünf näher untersucht. Im Fokus der Untersuchung steht die Erfassung und die Analyse des Weinangebots, insbesondere das Verhältnis zwischen Rot-, Weiß-, Rosé- und Schaumweinen, die Parameter Preis, Herkunft und Rebsorte sowie die Relation von Flaschenverkauf und glasweisem Verkauf. Zudem zeigen die Ergebnisse einer Fokusgruppendiskussion, ob das Weinangebot der Wiener Szenegastronomie und dessen Kommunikation den Erwartungen der Gäste entspricht. Im dritten Teil der Studie werden die Ergebnisse einer Mystery-Shopping-Analyse zum Weinservice und zur Weinqualität in der Wiener Szenegastronomie vorgestellt. Die Resultate unterstreichen die Bedeutung von Wein- und Servicequalität in diesem Gastronomiesegment und zeigen gleichzeitig Optimierungspotentiale auf.

Das sechste und letzte Kapitel befasst sich schlussendlich mit dem Thema Marktforschung in der Gastronomie und den Herausforderungen, die sich bei der Planung und Durchführung von Gästebefragungen in Gastronomiebetrieben ergeben. Anhand des Beispiels der GBOO (offene Online-Gäste-/Besucherbefragung) werden praktische Anwendungsmöglichkeiten für die tägliche Marketingarbeit im Gastronomiebetrieb aufgezeigt.

Die Intention, dieses Buch herauszugeben, basiert im Grunde auf dem Vorhaben unsere gastronomischen Forschungsergebnisse einem breiteren (Fach-)Publikum zugänglich zu machen. Im Zuge einer intensiven thematischen Auseinandersetzung mit unterschiedlichen Aspekten dieses Bereichs ist in uns auch der Wunsch gereift, Gastronomie in ihrer Gesamtheit zu erfassen und beiden Seiten – der praktischen sowie der wissenschaftlichen – entsprechende Aufmerksamkeit zuteil werden zu lassen.

Wir wünschen ihnen mit diesem Buch genussvolle Einblicke in das Forschungsfeld Gastronomie.

Wien, im September 2014   Klaus-Peter Fritz
                                                          Daniela Wagner

Inhaltsverzeichnis

Autorenverzeichnis

Klaus-Peter Fritz, BA, MA arbeitet als Bereichsleiter für Tourismusforschung am Institut für Tourismus-Management der Fachhochschule Wien der WKW. Er studierte Sport-, Kultur- und Veranstaltungsmanagement an der Fachhochschule Kufstein und Entrepreneurship & Tourismus am Management Center Innsbruck. Seine Leidenschaft für Kochen und Kulinarik zeigt sich auch in seinem Forschungsinteresse für die Bereiche Culinary Tourism und Gastronomie. Weitere Schwerpunkte sind Tourismusökonomie und Forschungsmethoden im Tourismus.

Kurt Gablek, MA erlangte den Bachelordegree in Marketing & Sales an der Fachhochschule Wien der WKW und den Master für Internationales Weinmarketing an der Fachhochschule Burgenland. Seit über 25 Jahren im Vertrieb in der Baubranche tätig, liegt sein Fokus auf Service Excellence und Kundenbegeisterung. Zudem entwickelt er für KMUs spezifische Geschäftsmodelle.

Mag. Dietmar Kepplinger ist Geschäftsführer der Kondeor Marketinganalysen GmbH und Lektor an Fachhochschulen und Universitäten. Er studierte Handelswissenschaften mit Schwerpunkt Tourismus an der Wirtschaftsuniversität Wien und verfügt über langjährige Erfahrung im Bereich Marktforschung und Unternehmensberatung. Sein fachlicher Fokus liegt auf der Konzeption und Abwicklung von Marktforschungsprojekten, der Analyse von Marketingdaten und der Unternehmensberatung. Individuelles Projektcoaching und Schulungen rund um das Thema Marktforschung zählen ebenfalls zu seinen Schwerpunkten.

Mag. Christoph Pachucki absolvierte das Studium der Sozialwirtschaft an der Johannes Kepler Universität Linz. Er ist als wissenschaftlicher Mitarbeiter am Institut für Tourismus-Management der Fachhochschule Wien der WKW tätig. Innovation im Tourismus, qualitative Forschungsmethoden, Tourismusökonomie und Destinationsmanagement bilden seine Forschungsschwerpunkte.

Elisabeth Sailer, BA studierte Tourismus-Management an der Fachhochschule Wien der WKW, arbeitet beim Vienna Convention Bureau und absolviert seit 2014 den Masterstudiengang Tourismusmanagement und Freizeitwirtschaft an der IMC Fachhochschule Krems. Sie verfügt über langjährige Erfahrung in der Gastronomie und hegt auch ein großes persönliches Interesse an diesem Bereich.

Florian Schütky, BA arbeitet bei Falstaff im Bereich Guides und Sonderprojekte. Er studierte in Eisenstadt an der Fachhochschule Burgenland Internationale Wirtschaftsbeziehungen mit Schwerpunkt Weinmanagement und absolviert seit 2013 ebendort den Masterstudiengang Internationales Weinmarketing. Als langjähriger Trainer der 1. österreichischen Barschule und Barkeeper ist er in der Wiener Gastronomie ebenso zu Hause wie in den Bereichen Wein und Spirituosen.

Dipl. Betriebswirt (FH) Albert Franz Stöckl, MA Lektor und Forscher an der IMC Fachhochschule Krems; er absolvierte das Diplomstudium Weinbetriebswirtschaft in Heilbronn/Neckar und den Masterstudiengang European Tourism Management in Borlänge (S), Chambéry (F) und Bournemouth (GB). Seine Schwerpunkte in der Forschung liegen im Weinmanagement- und Tourismuskontext sowie im Konsumentenverhalten bezogen auf die Entstehung emotionaler Bindung an Marken.

Mag. (FH) Daniela Wagner studierte Tourismus-Management an der Fachhochschule Wien der WKW und ist ebendort als Bereichsleiterin für das touristische Berufsfeld am Institut für Tourismus-Management tätig. Das Forschungsinteresse der zertifizierten Projektmanagerin konzentriert sich auf das Konzept „Culinary Tourism", Gastronomie, Projektmanagement und das Berufsfeld Tourismus.

Gastronomie als Forschungsfeld

Daniela Wagner

1.1 Gastronomie – etymologische Herkunft

Das Wort Gastronomie, griechisch „gastēr [Bauch] und nomos [Gesetz]" (Morton 1997, S. 139–140), hat seinen Ursprung als Namensgeber für ein Werk des griechischen Dichters Archistratus (rund 350 v. Chr.). Sein Werk gibt auf humorvolle Art und Weise vor allem Hinweise auf Fisch und Wein in der Mittelmeerregion und kann wohl eher als Vorläufer der heutigen Reiseführer denn als Kochbuch verstanden werden. Über den exakten Titel seines Werks, von dem heute nur mehr Fragmente überliefert sind, herrscht nicht Klarheit. Dichter aus dieser Zeit benannten Archistratus' Gedicht „Gastronomie" engl. „Gastronomy" (Chryssipus), andere hingegen engl. „The Art of Dining" (Clearchus) oder engl. „Cookery" sowie „Hedypatheia" engl. „The life of Pleasure" (Lyncheus und Callimachus), welcher unter Historikern auch als der wahrscheinlichste Titel betrachtet wird. Archistratus gilt als einer der Ersten, der seine gastronomischen Ansichten zu Papier gebracht hat. In seinem Gedicht vertritt er den Standpunkt, dass immer frische Produkte in bester Qualität, schnell, unter sparsamen Einsatz von Aromastoffen gekocht und möglichst einfach mit einigen wenigen, gut ausgewählten Gästen gegessen und getrunken werden sollten (Dalby 2003, S. 23 f.).

Inspiriert durch Archistratus' Werk verfasste der französische Dichter Joseph Berchoux (1819) ein Gedicht mit dem Titel „La Gastronomie". Damit hat dieser Terminus in den modernen Sprachgebrauch Einzug gehalten (Morton 1997, S. 139–140; Scarpato 2002, S. 52).

D. Wagner (✉)
Wien, Österreich
E-Mail: daniela.wagner@fh-wien.ac.at

© Springer Fachmedien Wiesbaden 2015
K.-P. Fritz, D. Wagner (Hrsg.), *Forschungsfeld Gastronomie,*
Forschung und Praxis an der FHWien der WKW, DOI 10.1007/978-3-658-05195-2_1

1.2   Gastronomie – multidisziplinäre Definitionen

In der Literatur finden sich zahlreiche Definitionen, die Gastronomie aus unterschiedlichen Blickwinkeln betrachten. Je nach Fachrichtung oder Forschungsfeld werden diverse voneinander unabhängige Begriffsbestimmungen vorgenommen. Ein Austausch zwischen den Disziplinen ist nur ansatzweise erkennbar.

Historisch betrachtet wurde, abgeleitet von Berchoux' Werk, welches die Freude an gutem Essen und Trinken thematisiert, Anfang des 19. Jahrhunderts Gastronomie als „the art of good eating" betrachtet (Scarpato 2002, S. 530; Kivela und Crotts 2005, S. 41).

Morton (1997, S. 139–140) geht einen Schritt weiter und interpretiert, basierend auf Berchoux' Werk, den Begriff Gastronomie als „the art and science of good eating". Auch Gillespie inkludiert den wissenschaftlichen Aspekt, wenngleich in seiner Definition Wissenschaft und Kunst synonym verwendet werden. Seinem Verständnis nach ist Gastronomie „the art, or science of good eating"(Gillespie 2001, S. 2).

Der Berücksichtigung dieses Wissenschaftsaspekts widerspricht Scarpato (2002, S. 53) dahingehend, als er im klassischen Begriffsverständnis keinen Wissenschaftsbezug erkennen kann: „art of good eating", bis zu diesem Zeitpunkt Privileg der Aristokratie, wurde zunehmend auch eine Domäne des urbanen Bürgertums. Gastronomen wurden in der damaligen Zeit als Künstler gesehen, nicht als Forscher. Dazu fehlte es ihnen an fachlichem und methodischem Wissen.

Santich (2004, S. 16) versteht, ebenfalls aus einem historischen Blickwinkel heraus, Gastronomie als Ratgeber und Handlungsanleitung dafür, was wann wo in welcher Art und Weise und Zusammensetzung gegessen und getrunken werden soll. Es spiegelt also auch einen Lebensstil wider, wo die Auseinandersetzung mit, das Wissen um und die Auswahl von Lebensmitteln, Genuss und Freude an gutem Essen unterstützt und fördert.

In der Kulturwissenschaft wird Gastronomie als ein Bereich verstanden, wo Bezugspunkte von Kultur und Essen untersucht werden (Kivela und Crotts 2006, S. 354; Hohm 2008, S. 7).

Peter Klosse, Professor für Gastronomie an der Hotel Management School Maastricht, Restaurantbesitzer und Gründer der Academy for Gastronomy (2013, S. 2) definiert Gastronomie als „science of flavor and tasting". Er versteht Gastronomie als ganzheitliches Konzept, welches sich nicht nur mit Inhaltsstoffen und der Zusammensetzung von Lebensmitteln auseinandersetzt, sondern auch den Menschen, der Speisen und Getränke konsumiert, mit einbezieht. Sein Begriffsverständnis ist ebenfalls in einen breiteren Kontext eingebettet, der über die klassische Definition hinausgeht. Im Zentrum seiner Überlegungen stehen die Auseinandersetzung mit Sensorik, insbesondere dem Geschmack, und der daraus abgeleitete Erkenntnisgewinn für die Gastronomie.

Aus betriebswirtschaftlicher Sicht wird nach Hässler (2011, S. 47) Gastronomie heute „als Synonym für Gaststättengewerbe" betrachtet, während früher darunter „eher gehobene Restaurants" verstanden wurden. Diese fassen Müller und Rachfahl (2004, S. 86) unter dem Begriff „Bewirtungsbetriebe" zusammen und meinen damit „gastgewerbliche Betriebe, die ihren Gästen Speisen und Getränke zum Verzehr an Ort und Stelle anbieten."

Tab. 1.1 Betriebsarten der Gastronomie in Deutschland. Nach (Hänssler 2011, S. 48)

Betriebsart
Gruppe 1: Speisengeprägte Gastronomie
Restaurants mit herkömmlicher Bedienung
Restaurants mit Selbstbedienung
Cafés
Eissalons
Imbissstuben
Gruppe 2: Getränkegeprägte Gastronomie
Schankwirtschaften
Diskotheken und Tanzlokale
Bars
Vergnügungslokale
Sonstige getränkegeprägte Gastronomie
Gruppe 3: Kantinen und Caterer
Kantinen
Caterer

Dazu zählen Restaurants für „gehobene Ansprüche mit umfangreichem Speisen- und Getränkeangebot", Gaststätten, Kaffeehäuser, Eisdielen und Milchbars sowie diverse Nebenbetriebe (wie beispielsweise Kantinen).

Eine andere betriebswirtschaftliche Definition subsummiert Gastronomie unter dem Begriff „Gastgewerbe" und versteht darunter die „gewerbliche Beherbergung und Verpflegung von Gästen". Diese Leistungen werden „ohne direkten Auftrag für einen anonymen Markt" erbracht. Diese Form der Gastronomie umfasst in Deutschland drei Teilbereiche: a) Verpflegungsgastronomie mit Speisewirtschaften, b) Beherbergungsgastronomie und c) Erlebnisgastronomie (Müller und Rachfahl 2004, S. 232).

Hänssler (2011, S. 48) konkretisiert die Betriebsarten auf Basis einer Übersicht des Statistischen Bundesamtes für Deutschland wie in Tab. 1.1 ersichtlich.

In Österreich wird Gastronomie auch als Teilbereich des Hotel- und Gastgewerbes gesehen und ebenfalls unter dem Begriff „Gastgewerbe" zusammengefasst. Für die „Beherbergung von Gästen" und die „Verabreichung von Speisen jeder Art und den Ausschank von Getränken" bedarf es laut österreichischer Rechtsgrundlage einer Gewerbeberechtigung (§ 111 Abs. 1 GewO 1994). Das Gastgewerbe gilt zudem als reglementiertes Gewerbe, für dessen Ausübung zusätzlich ein Befähigungsnachweis erforderlich ist (§ 18 Abs. 1 GewO 1994).

Im Fachverband Gastronomie wird wie in Tab. 1.2 ersichtlich zwischen folgenden Betriebsarten unterschieden.

Diese Vielzahl unterschiedlicher Definitionen zeigt die Multidisziplinarität des Begriffs Gastronomie. Heute wird auch in zahlreichen Studien dieser Ansatz insofern betont, als jene klassischen Definitionen, die Gastronomie ausschließlich mit Fokus auf Genuss, Kochkunst und Esskultur beschreiben, nur einen Teilbereich abdecken. Aus allgemein-

Tab. 1.2 Betriebsarten des Fachverbandes Gastronomie in Österreich. Nach Wirtschaftskammer Österreich (2013, o. S).

Nr.	Betriebsart
1	Gasthäuser
2	Restaurants
3	Gasthöfe mit höchstens acht Gästebetten
4	Rasthäuser(-stätten) mit höchstens acht Gästebetten
5	Kaffeehäuser
6	Kaffeerestaurants
7	Espressobetriebe, Stehkaffeeschenken, Buffet-Espressi
8	Kaffeekonditoreien
9	Weinlokale, Weinschenken, Heurigenbuffets
10	Bierlokale und Pubs
11	Branntweinschenken
12	Bars
13	Imbissstuben, Jausenstationen, Milchtrinkstuben
14	Buffets aller Art (einschließlich Tankstellenbuffets, ausschließlich Buschenschankbuffets)
15	Kantinen, Werksküchen, Mensabetriebe
16	Eissalons
17	Lieferküchen (Partyservice, Catering, Herstellung von Speisen im Auftrag Dritter (Mietkoch) für nicht gastgewerbliche Auftraggeber)
18	(Befähigungs-)freies Gastgewerbe
	Würstelstände und Kebab
	Buschenschankbuffets
	Automatenausschank gem. § 111 (2) Z 6 GewO
	Schutzhütten ohne Beherbergung

wissenschaftlicher Sicht ist der Begriff Gastronomie heute in einem breiter gefassten Verständnis als umfassende Disziplin zu sehen, welche alle Bereiche rund um das Thema Speisen und Getränke bzw. Ernährung inkludiert (Scarpato 2002, S. 52; Kivela und Crotts 2006, S. 354; Santich 2004, S. 18; Harrington 2005, S. 130).

Gillespie (2001, S. 2) vertritt ebenfalls die Ansicht, dass Gastronomie einer breiter gefassten Definition bedarf und propagiert als Arbeitsbegriff „the study of food", ausgehend von der Überlegung, dass Essen als das zentrale Element anzusehen sei.

Ein Begriff, der häufig mit Gastronomie synonym verwendet wird, aber doch klar abzugrenzen ist, ist „Kulinarik". Darunter werden jene Speisen und Getränke sowie deren Zubereitungsmethoden verstanden, die einen wesentlichen Einfluss auf die charakteristische Küche eines Landes oder einer Region haben (Hussain et al. 2012, S. 73; Kivela und Crotts 2005, S. 41). Ignatov und Smith (2006, S. 238) betonen zusätzlich noch den sozialen Kontext, in dem das Essen zubereitet wird. Allgemeingültig wird Kulinarik oft auch nur als „Kochkunst" definiert (Wermke et al. 2007, S. 578).

1.3 Gastronomie – Funktionen und Merkmale

Gillespie (2001, S. 2 f. und S. 17 f.) unterteilt Gastronomie in vier Kategorien:

1. „*Practical gastronomy*" befasst sich mit Speisen und Getränken aus den unterschiedlichen Küchen dieser Welt. Untersucht werden Methoden und Standards zur Be- und Verarbeitung von Nahrungsmitteln, die Zubereitung und Zusammenstellung von Speisen- und Getränken sowie das Service. Aktiv in diesem Bereich involviert sind Küchenchefs, Servicepersonal, Sommeliers sowie F&B-Manager.
2. „*Theoretical gastronomy*" dient zur Unterstützung des erstgenannten Bereichs und inkludiert die Auseinandersetzung mit Prozessen und Abläufen sowie Handlungsanleitungen für die praktische Umsetzung (Kochrezepte, Kochbücher). Ebenfalls hier enthalten sind alle Planungsarbeiten und Konzeptionen zur Vorbereitung von Veranstaltungen, Menüs, Speisen und Getränken.
3. „*Technical gastronomy*" wiederum setzt sich mit Maschinen und Anlagen und deren Auswirkungen auf die Produktion und den Service auseinander. Dieser Bereich gilt auch als Verbindung zur Massenproduktion, befasst sich mit Menu Engineering, technischen Zubereitungsmethoden wie beispielsweise „sous vide" und der Evaluierung von Halbfertig- und Fertiggerichten. Aktiv involviert in diesen Bereich sind technischwissenschaftliches Personal, Küchenchefs, die sich mit Produktentwicklung auseinandersetzen, und Ernährungswissenschaftler.
4. „*Food gastronomy*" letztlich umfasst die fundierte Auseinandersetzung mit Speisen und Getränken an sich, so beispielsweise mit der Herkunft, der Tradition, Kombinationsmöglichkeiten, Produktdetails, Saisonalität, Ernährungstrends, Qualitätsmanagement, Lager- und Konservierungsmöglichkeiten.

Betrachtet man die betriebswirtschaftliche Dimension des Begriffs Gastronomie näher, erfordet dies auch eine explizite Auseinandersetzung mit der gastgewerblichen Leistung an sich.

Hier wird zwischen Beherbergungsleistungen, gastronomischen Leistungen (Verpflegungsleistungen) und sonstigen Leistungen unterschieden (Hänssler 2011, S. 79).

Beherbergungsleistungen umfassen die Nutzung von Zimmern und Aufenthaltsräumen, gastronomische Leistungen beinhalten Speisen und Getränke sowie das Service und die Zurverfügungstellung von Räumen für die Konsumation. Sonstige Leistungen ergänzen die beiden Bereiche beispielsweise durch das Angebot von Wellnesseinrichtungen, Kinderbetreuung oder Bankett- und Konferenzräumlichkeiten (Hänssler 2011, S. 79).

Zusätzliche Faktoren wie Personal (Qualifikation, Erscheinung, Freundlichkeit), Standort des Hotels/Restaurants (Gebäude, Lage, Infrastruktur), Ausstattung (Hotelzimmer, Restaurant, Lobby, Freizeiteinrichtungen), Idee (Konzeption des Unternehmens, Image, Stil) und Qualität (Eignung zur Erfüllung von Gästeanforderungen, Nutzen für die Gäste) runden das Gesamtpakt der gastgewerblichen Leistung ab (Wolf und Heckmann 2008, S. 184; Wolf 2005, S. 121).

Die Leistungen im Gastronomiebereich setzen sich auf unterschiedliche Art und Weise zusammen. Die Zubereitung von Speisen und zum Teil auch von Getränken ist mit der industriellen Fertigung vergleichbar. Es werden Rohstoffe und Waren eingekauft und zu Speisen und Getränken verarbeitet. Der An- und Verkauf von Getränken stellt eine Handelsleistung dar. Serviceleistungen sind Dienstleistungen. Wichtig für den Gast ist dabei die Qualität der angebotenen Leistung. Das Angebot und die Zurverfügungstellung von Anlagen und Betriebsmitteln (Räume, Tische, Sitzgelegenheiten, Geschirr und Gläser) stellen ebenfalls Dienstleistungen dar (Hänssler 2011, S. 81; Wolf 2005, S. 120).

Dienstleistungen sind keine selbständigen, für sich verkäuflichen Leistungen (Wolf und Heckmann 2008, S. 10). Man bezeichnet sie auch als „immaterielle Wirtschaftsgüter, d. h. sie sind unkörperlich und unstofflich" (Hänssler 2011, S. 80). Gerade im Gastgewerbe stehen Dienstleistungen oft in direktem Zusammenhang mit Sachgütern (Wolf und Heckmann 2008, S. 10). Die gastronomischen Leistungen werden meist direkt bei Inanspruchnahme durch die Gäste erbracht und verbraucht, die Leistung selbst ist – im Gegensatz zu Sachgütern – nicht (Uno-actu-Prinzip) oder nur teilweise lagerfähig (Wolf und Heckmann 2008, S. 10; Hänssler 2011, S. 81). Es handelt sich also um Dienstleistungen, die erst nach dem Kauf (womit die Bestellung durch die Gäste gemeint ist) entstehen (Meyer 2011, S. 72).

Hänssler (2011, S. 81) führt weiter aus, dass ein wesentliches Charakteristikum bei Dienstleistungen, die fehlende sinnliche Wahrnehmbarkeit, für die gastgewerbliche Dienstleistung nur in begrenztem Maße zutrifft. Seitens der Gäste wahrnehmbar sind sowohl die Ergebnisse der Produktion (Speisen, Getränke, Service), teilweise auch der Produktionsprozess selbst sowie die baulichen Anlagen mit der entsprechenden Einrichtung, welche für die Konsumation zur Verfügung gestellt wird. Es besteht aber ein wesentlicher Unterschied zu Sachgütern. Die Leistung, die Gäste konsumieren möchten, können sie nur teilweise vorhersehen. Die Beurteilung der Leistung kann anhand objektiver Kriterien erfolgen, die Wahrnehmung wird dabei aber auch durch individuelle, subjektive Einflussfaktoren bestimmt.

Insbesondere gastronomische Leistungen erfordern eine intensive Kundenbeziehung. Hier finden die Grundsätze des Dienstleistungsmarketings, welches als Beziehungsmarketing die Geschäftsbeziehung zwischen dem Unternehmen und dem Kunden/Gast aufbaut und pflegt, Anwendung. Der ökonomische Erfolg der Leistung bzw. des Unternehmens hängt von der Qualität der Kundenbeziehung ab. Die Dauer und die Intensität der Kundenbeziehung werden bestimmt durch die Kundenzufriedenheit (Prozess), den Kontakt mit dem Unternehmen (Personal) und speziell in der Gastronomie durch die Attraktivität der Räumlichkeiten (Property). Diese Faktoren stehen gleichberechtigt neben den klassischen Bereichen des Marketings wie Leistung (Nutzenorientierung), Preis (Wertigkeit),

Kommunikation (Botschaften) und Distribution (Erreichbarkeit der Leistung) (Meffert und Bruhn 2006, S. 77 ff.).

1.4 Gastronomie – wirtschaftliche Bedeutung

Im Jahr 2014 soll der Gastronomiesektor (engl. „Foodservice Industry") weltweit rund 992 Mrd. $ erwirtschaften, so die Prognose. Mehr als 50 % davon werden von Kaffeehäusern und Restaurants generiert. Insgesamt umfasst dieses Geschäftsfeld alle Unternehmen und Institutionen, die für den Außer-Haus-Verzehr verantwortlich sind (z. B. Restaurants, Systemgastronomie, Catering). Eine Realisierung der Prognose für 2014 würde ein Wachstum von mehr als 18 % innerhalb von fünf Jahren bedeuten (Reportlinker 2014).

In Österreich erwirtschaftete die Gastronomie 2012 8,41 Mrd. €, wodurch dieser Bereich mit 27,2 % Anteil am Gesamtkonsum der tourismus-charakteristischen Dienstleistungen den zweiten Platz hinter den Beherbergungsleistungen einnimmt (Wirtschaftskammer Österreich (2014, S. 81).

1.5 Gastronomie – die historische Entwicklung

Im antiken Griechenland, wo die Gastronomie auch etymologisch ihren Ursprung hat, prägten vielfach Völlerei und Schlemmerei das Essverhalten. Durch den Einfluss sizilianischer Köche entwickelte sich im Laufe der Zeit auch die Feinschmeckerei. Die Römer galten als gastronomische Weiterentwickler; sie zeigten Interesse an neuen Produkten und Methoden, welche sie auf ihren Eroberungen kennenlernten und in ihre kulinarische Gewohnheiten integrierten. Nach dem Untergang des Römischen Reiches fand Gastronomie erst wieder im 15. Jahrhundert, vorwiegend durch den Vatikan initiiert, stärker Beachtung. Die Klöster und religiösen Orden lebten von der Natur und versuchten sich in der Herstellung zahlreicher Produkte (Wein, Honig, Kräuterliköre, Brot). Damit leisteten sie einen erheblichen Beitrag zur Entwicklung regionaler Gastronomie und Kochkunst. Ab der Mitte des 16. Jahrhunderts bis zum Zeitalter des Rokoko erlebte die Gastronomie insbesondere die Entwicklung der gehobenen Küche (franz. „haute cuisine") unter Frankreichs Aristokratie eine Blütezeit (Gillespie 2001, S. 38 ff.).

Gleichzeitig entstand in Paris das erste Restaurant als „eine Einrichtung, wo Speisen und Getränke während vorgegebener Öffnungszeiten à la carte oder als Menü zubereitet, serviert und konsumiert werden" (Gillespie 2001, S. 52), abgeleitet von „restaurant", im Original eine als Medizin geltende stärkende Suppe, die speziell für das körperliche Wohlbefinden zubereitet wurde (Pilcher 2012, S. 50; Symons 2013, S. 252).

Das Aufkommen dieser gastronomischen Einrichtung brachte einen starken Impuls für die Entwicklung der französischen Küche und ihre Küchenchefs. Gleichzeitig konnte ein neu aufkommendes Interesse des Bürgertums an Gastronomie festgestellt werden. In der Zeit nach der Französischen Revolution wurde es auch für die urbane Mittelklasse modern, in Restaurants zu essen. Insgesamt wurde die Gastronomie immer mehr zu einer Angelegenheit des Bürgertums (Gillespie 2001, S. 56; Scarpato 2002, S. 53).

Die zunehmende Bedeutung der aufstrebenden Mittelklasse gegen das zuvor herrschende gastronomische Diktat des Aristokratie zeigte sich Anfang des 19. Jahrhunderts in Frankreich auch im starken Aufkommen gastronomischer Literatur. Küchenchefs, die sich zunehmend als die wahren Lehrmeister der Gastronomie präsentierten, Gastronomiekritiker und Schriftsteller verfassten Werke zur Zubereitung von Speisen, aber auch zur Konsumation in Restaurants (Gillespie 2001, S. 56; Pilcher 2012, S. 45).

Im 19. Jahrhundert erreichte die Kochkunst in Frankreich ihren Höhepunkt. Küchenstrukturen und -abläufe wurden weiterentwickelt, so beispielsweise das „partie"-System eingeführt und grundlegende kulinarische Richtlinien und -techniken festgelegt, welche später die Ausgangslage für die Entwicklung einer grenzüberschreitenden, internationalen Gastronomie bildeten. Auch im Servicebereich kam es zu tiefgreifenden Veränderungen. So etablierte sich das Service „á la russe", eine Technik, wo einzelne Gerichte entsprechend einer vorgeschriebenen Abfolge nacheinander dem Gast präsentiert und serviert werden. Das Service „á la russe" bildete, mit einigen Anpassungen, die Grundlage für die moderne Speise- bzw. Menüplanung, wie sie auch heute noch Anwendung findet (Gillespie 2001, S. 60).

Mitte des 20. Jahrhunderts erreichte der gesundheitliche Aspekt in der Gastronomie eine noch nie dagewesene Dimension. Die Auseinandersetzung mit Ernährung, detaillierte Informationen über konsumierte Güter, die Diätetik und Fragen der Gesundheit spielten eine zentrale Rolle (Navarro et al. 2011, S. 37). Ansätze medizinisch-gesundheitlicher Einflüsse in der Gastronomie finden sich historisch gesehen bereits bei den Griechen, später bei den Arabern und über die Jahrhunderte auch in den Bedenken hinsichtlich Fehlernährung (Völlerei und Mangelernährung).

Basierend auf dieser Entwicklung wurden Speisen und Getränke kontinuierlich verfeinert und verbessert. Ab den 1970er-Jahren entwickelt sich die sogenannte „cuisine nouvelle". Diese gastronomische Richtung orientiert sich an Authentizität, natürlicher Produktion und Einfachheit. Im Mittelpunkt stehen dabei die Verwendung frischer Zutaten, leichte und harmonisch aufeinander abgestimmte Speisen und Simplizität sowohl in der Zubereitung als auch bei der Präsentation der Speisen (Gillespie 2001, S. 62 ff.).

Ab der Mitte des 20. Jahrhunderts entwickelten sich auch einige andere bedeutende Richtungen. Kontrastierend zur Fokussierung auf den gesundheitlichen Aspekt in der Ernährung entwickelte sich „Fast Food" ab der Mitte der 1950er-Jahre zu einem weltweit bedeutenden Industriezweig (Penfold 2012, S. 279 ff.). Die „Ethnoküche" etablierte sich anhand einer wachsenden Zahl von Restaurants, die sich auf das Angebot landestypischer Gerichte spezialisieren (beispielsweise indische, italienische, griechische, orientalische Küche), die vielfältigen internationalen kulinarischen Einflüsse wurden in der „Fusion Cuisine" oder auch „eclectic cuisine" verschmolzen (Gillespie 2001, S. 69 ff.).

Einige Trends im Ernährungs- und Konsumationsverhalten haben ebenfalls Einfluss auf die Entwicklung der Gastronomie genommen. Ende der 1980er-Jahre entwickelte sich ausgehend von Italien die Slow-Food-Initiative. Im Mittelpunkt dieser Bewegung stehen

Genuss und Geschmack, ebenso die Förderung gustatorischer Erlebnisse unter Berücksichtigung saisonaler Aspekte sowie des Schutzes und der Pflege regionaler Gerichte und Küchen und traditioneller Anbau- und Produktionsmethoden (Simonetti 2012, S. 169).

Als eine Ausprägung des gesundheitlichen Einflusses auf die Ernährung haben sich Konsumationstrends wie Vegetarismus (die Vermeidung von Fleisch in der Ernährung aus ideellen, ethischen, religiösen oder gesundheitlichen Überlegungen), Veganismus (rein pflanzliche Ernährung ohne Konsumation von tierischen Produkten), die Konsumation von Bioprodukten (Produktion unter Einhaltung von strengen Richtlinien und Vorgaben) und regionalen Produkten (Einkauf und Konsumation von in der Region erzeugten Produkten aus ökologischen und auch gesundheitlichen Überlegungen) herausgebildet (Ankeny 2012, S. 461 ff.).

Während der letzten 20 Jahre entwickelte sich zudem eine neue Richtung, die sogenannte Molekularküche (engl. „molecular cuisine", auch „progressive cuisine", „techno-emotional cuisine" oder „modernist cuisine"), welche sich stark mit den physikalischen und biochemischen Prozessen bei der Zubereitung von Speisen und Getränken auseinandersetzt. Die Umsetzung wissenschaftlicher Erkenntnisse aus dem Bereich der Chemie, Physik und Technologie hat einerseits zu zahlreichen radikalen Innovationen im Rahmen der Molekularküche geführt und andererseits auch die spartenübergreifende Zusammenarbeit gefördert, welche die Grenzen des Gastronomiebereichs neu definiert (Opazo 2012, S. 82).

1.6 Gastronomie – Forschungsinteresse

Warum soll man zum Thema Gastronomie forschen? Diese Frage stellten sich Wissenschaftler über viele Jahre. Argumente, die für eine fundierte wissenschaftliche Auseinandersetzung mit dem Thema sprechen, sind:

a. Essen und Trinken stellen ein menschliches Grundbedürfnis dar und sind damit auch elementarer Bestandteil wirtschaftlicher und sozialer Strukturen und kultureller Gepflogenheiten;
b. die Sicherstellung einer ausreichenden Nahrungsmittelversorgung beschäftigt Staats- und Familienoberhäupter seit Anbeginn der Zivilisation; und
c. die wissenschaftliche Auseinandersetzung mit Gastronomie gibt Aufschluss darüber, wer wir sind und was wir wertschätzen (Watts 2012, S. 17 f.).

Ende des 18., Anfang des 19. Jahrhunderts entstand eine eigene Wissenschaft des Essens, die Gastrosophie. Als deren Vorreiter gelten Karl Friedrich von Rumohr (1785–1843) und Jean Anthelme Brillat-Savarin (1755–1826). Diese setzten sich mit der Herstellung von Nahrungsmitteln, deren Kombination und Zubereitung, der Wahl der richtigen Zeitpunkte, Orte und Atmosphäre des Essens und geeigneter Gesprächsthemen bei Tisch auseinander.

Es wurden Prinzipien des guten Benehmens bei Tisch aufgestellt und vor allem die subjektive Freude am Essen und am Genuss ausgedrückt (Hohm 2008, S. 6 f.).

So gilt Brillat-Savarins Werk „La Physiologie du gout" (dt. „Physiologie des Geschmacks") aus dem Jahre 1825 – zwar nicht ganz ohne Kritik an seinen Ausführungen – als das erste Werk, welches versuchte, alle Aspekte von Geschmack zu vereinen (MacDonogh 2009, S. 73).

Ziel der beiden Gastrosophen war es, grundlegende Prinzipien festzulegen, die der Gastronomie den ihr angemessenen Platz in den Wissenschaften zuteil werden lassen sollten (Hohm 2008, S. 7, Scarpato 2002, S. 54).

Der bürgerliche französische Advokat Brillat-Savarin brachte in seiner Abhandlung, stark beeinflusst durch die großen sozialen Veränderungen im Frankreich dieser Zeit, zum Ausdruck, dass er die Gastronomie als Antriebskraft hinter der Arbeit der Landwirte, Weinbauern, Fischer, Jäger und Köche verstehe. Er entwarf das Bild von professionell agierenden, eigenständig tätigen, gastronomischen Fachleuten, die sich an den von ihm aufgestellten Prinzipien für die Gastronomie orientierten. Zudem konkretisierte er seine These, dass Gastronomie als Wissenschaft in absehbarer Zeit über eigene Universitäten, Professoren, akademische Mitglieder und Auszeichnungen verfügen werde (Scarpato 2002, S. 54; Sipe 2009, S. 220 f.; MacDonogh 2009, S. 59).

Trotz der großen Popularität seines Werkes konnte sich seine These, dass sich die Gastronomie als eigenständige Wissenschaft etablieren werde, nicht durchsetzen. Scarpato (2002, S. 55) sieht die Gründe dafür zum einen in der Tatsache, dass im Zeitalter der Moderne der wissenschaftlichen Auseinandersetzung mit Essen und Trinken lange Zeit keine Bedeutung beigemessen wurde. Zum anderen mag ein Grund für Brillat-Savarins Fehleinschätzung darin gelegen haben, dass er oft „nur" als geistreicher Geschichtenerzähler dargestellt wurde. Stilistisch muss sein Werk auch stärker dem Bereich der Literatur als der Wissenschaft zugeordnet werden. Dies hat eine ernstzunehmende, wissenschaftliche Auseinandersetzung der akademischen Welt mit dieser Disziplin lange Zeit nicht gefördert. Schlussendlich ist dies wohl auch in der Multidisziplinarität des Forschungsfelds Gastronomie begründet.

> Multidisziplinarität ist ein bloßes Nebeneinander von mehreren wissenschaftlichen Disziplinen. Multidisziplinäres Arbeiten reiht die beteiligten Disziplinen nur unverbunden aneinander, die Methoden und Ziele der einzelnen Disziplinen ändern sich dabei nicht. (Schaller 2004, S. 37)

So ist beispielsweise innerhalb einer Vielzahl wissenschaftlicher Disziplinen die Auseinandersetzung mit Essen und dessen Stellenwert in Gesellschaft, Kultur und Wirtschaft hinreichend Gegenstand von Untersuchungen.

Von einem ethnologisch-historischen Blickwinkel aus betrachtet, steht die Beschäftigung mit der Rolle des Essens in unterschiedlichen Sozialstrukturen (sozialen Klassen und zeitlichen Epochen) im Mittelpunkt (Pilcher 2012; Watts 2012; Freedman 2012; Deutsch 2012).

Kulturwissenschaftlich wird „Essen und Trinken [...] als Spiegelbild der Kultur eines Landes und seiner Bewohner [...]" betrachtet (Du Rand und Heath 2006, S. 207).

Die Soziologie wiederum geht „der Bedeutung des Essens als kulturelle Handlungsform der Menschen" nach und setzt sich mit „sozialen Regeln und Zeichen des Essens" (Gastfreundschaft, Tischkultur, Essen als Zeichen von Prestige) auseinander (Hohm 2008, S. 8). Einen anderen Betrachtungsgegenstand bildet die Rolle des Essens in der Gesellschaft, insbesondere das Ess- bzw. Konsumationsverhalten (Clark Burnett und Ray 2012).

Anthropologische Studien (Tierney und Ohnuki-Tierney 2012) fokussieren das Ernährungsverhalten/die Ernährungsgewohnheiten des Individuums.

Auch in den Wirtschaftswissenschaften haben sich zahlreiche Studien mit Essen und Trinken beschäftigt. Hier stehen die finanz- und marketingtechnischen Auswirkungen einzelner Gerichte auf das Gesamtunternehmen im Mittelpunkt. Pine und Gilmore (1998, S. 98 ff.) beschäftigen sich in ihrer Studie beispielsweise damit, wie aus Marketingsicht Gäste- bzw. Kundenerwartungen (z. B. bei der Konsumation von Speisen in einem [Hotel-]Restaurant) übertroffen werden können, um in der Folge einzigartige Erlebnisse zu generieren.

Die Ergebnisse all dieser Studien leisten einen Beitrag zum Forschungsverständnis der jeweiligen Disziplinen, oft aber eben nur innerhalb des eigenen Forschungsfeldes. Die transdisziplinäre, also disziplinenübergreifende Zusammenarbeit stellt eher eine Ausnahme dar.

Scarpato (2002, S. 55) führt dazu aus, dass Brillat-Savarins Verständnis von Gastronomie, im Gegensatz zu den vorhin erwähnten multidisziplinären Untersuchungen, einen solchen disziplinenübergreifenden Ansatz inkludierte, welcher zur damaligen Zeit und auch noch weit danach als nicht akzeptabel abgelehnt wurde.

Nach Ansicht von Brillat-Savarin weist die Gastronomie Überschneidungen mit unterschiedlichen Disziplinen wie beispielsweise Naturgeschichte, Physik, Chemie, Kochkunst, Handelswissenschaften und Volkswirtschaftslehre auf und beschäftigt sich zusätzlich mit den Auswirkungen von Speisen und Getränken auf das Individuum (so z. B. Wahrnehmung, Sinne, Vorstellungskraft, Urteilsvermögen) sowie mit Inhaltsstoffen und der Zusammensetzung von Speisen und Getränken.

Einige Studien (Gillespie 2001, S. 3, 159; Kivela und Crotts 2006, S. 354) weisen ebenfalls auf Überschneidungen zwischen unterschiedlichen Fachbereichen bzw. wissenschaftlichen Disziplinen und der Gastronomie hin. Abb. 1.1 verdeutlicht die Zusammenhänge.

Im Sog der Postmoderne[1] erfuhren Brillat-Savarins Ideen schließlich eine Neubewertung innerhalb der wissenschaftlichen Welt und Bestätigung seiner Vorhersage. Der Bereich Gastronomie wurde zunehmend als wissenschaftliche Disziplin wahrgenommen, mit Brillat-Savarins Werk als Ausgangspunkt.

---

[1] Postmoderne bezeichnet einen Zustand, der sich von der Moderne abgrenzt, Bestehendes neu denkt und Neues zu erfassen versucht. (Fuat Firat und Dholakia 2006, S. 125).

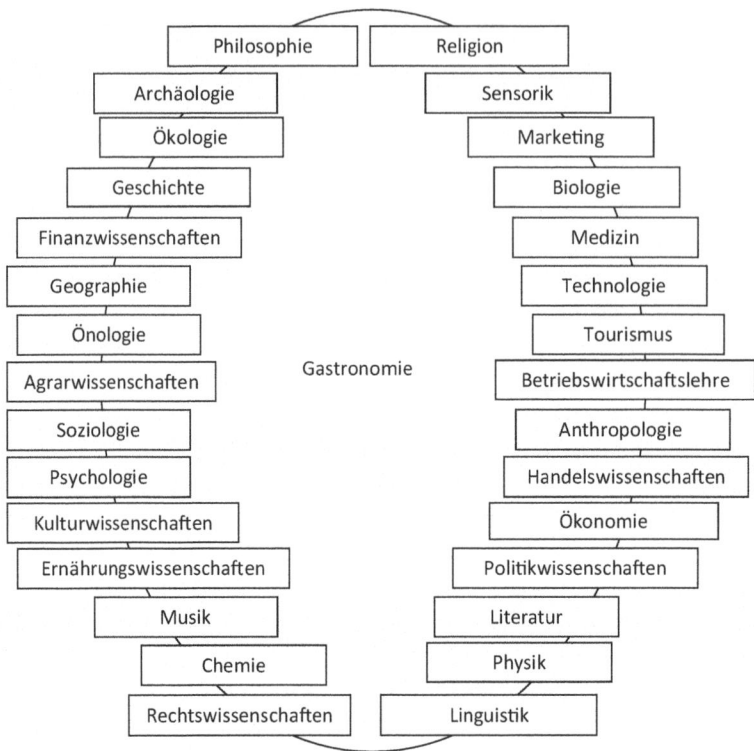

Abb. 1.1 Fachbereiche und wissenschaftliche Disziplinen mit Forschungsinteresse an Gastronomie. (Eigene Darstellung)

Vor dem Hintergrund dieser Entwicklung kam es insbesondere ab den 1990er-Jahren zu einer intensiven Auseinandersetzung mit diesem neuen, relativ jungen, aber zunehmend ernstzunehmenden Forschungsfeld (Scarpato 2002, S. 55; MacDonogh 2009, S. 60).

Ein Indiz dafür war das vermehrte Aufkommen gastronomischer Studien während dieser Zeitspanne (Cohen und Avieli 2004; Hjalager und Richards 2002; Santich 2004; Harrington 2005; Kivela und Crotts 2005). Vielen sozial-, geistes- und wirtschaftswissenschaftlichen Studien, welche die Rolle des Essens in Gesellschaft, Kultur und Wirtschaft untersucht haben, gemeinsam ist die fehlende gastronomische Perspektive. Die wissenschaftlichen Erkenntnisse aus diesen Studien auf geeignete Art und Weise für „Entwicklung, Produktion, Verarbeitung, Distribution, Verkauf und Konsumation von Essen und Trinken" anzuwenden, gelang bis zu diesem Zeitpunkt nicht. Wissenschaftliche Studien und Untersuchungen im Bereich Gastronomie haben das Potenzial, diese Lücke zu schließen (Scarpato 2002, S. 60).

Gastronomische Forschungsarbeiten lassen sich allerdings nicht gut in die starren Schemata des gängigen akademischen Verständnisses von Forschung einordnen. In der Beforschung des Essens fehlt zum einen die für die Wissenschaft wichtige Wiederhol- und Überprüfbarkeit (wie jemand eine Speise zu einem bestimmten Zeitpunkt verzehrt, das Genuss- und Geschmacksempfinden dabei, kann nicht genau auf dieselbe Art und

Weise wiederholt werden). Zum anderen ist das „Wissen über Essen ein Bildungsgut", das man sich nicht aus Büchern, sondern durch Erfahrung aneignet. Für die „wissenschaftliche Abstraktion" dieses Wissens mangelt es allerdings an entsprechenden Möglichkeiten. (Hohm 2008, S. 6).

Die westlich orientierte Wissenschaftstheorie ging zudem bis vor wenigen Jahren von dem Standpunkt aus, dass Forschung nur theoriebasiert begründet ist. Der Diskurs über die Bedeutung der Kombination von praktischem und theoretischem Wissen im Bereich der Forschung wird zwar schon lange Zeit geführt, brachte aber erst seit wenigen Jahren wirkliche Ergebnisse in Form neuer Konzepte wie beispielsweise „Handlungswissen" (engl. „knowledge of action") oder „implizitem Wissen" (engl. „tacit knowledge") (Gustafsson 2004, S. 10 f.). Scarpato (2002, S. 60) unterstreicht die Bedeutung des praktischen Aspekts speziell für die Forschung in der Gastronomie. Er versteht Forschung in der Gastronomie sinngemäß nicht als standardisierten Prozess oder vorgefertigten Methodensatz, sondern als aufmerksames Anwenden.

Wissenschaftliche Studien und Untersuchungen in der Gastronomie bergen durch die Verbindung von praktischem und theoretischem Wissen und die transdisziplinäre Auseinandersetzung mit anderen wissenschaftlichen Disziplinen Potenzial zur Genese neuen Wissens und geänderter Perspektiven (Scarpato 2002, S. 57; Hjalager und Richards 2002, S. 226).

Die gastronomische Identität und die Frage, wie sich die Landschaft (Geografie und Klima) und Kultur (historische und ethnische Aspekte) auf den Geschmack, die Beschaffenheit und das Aroma von Wein und anderen regionalen Produkten auswirken (Harrington 2005, S. 131 ff.) wird ebenso untersucht wie die Rolle von Essen und Trinken im kulturellen Kontext (Everett 2008, S. 337), Esskultur und deren Bedeutung für den ländlichen Raum (Beer et al. 2002, S. 207 ff.) sowie ernährungswissenschaftliche Zusammenhänge mit Innovationen im gastronomischen Bereich (Navarro 2011, S. 37 ff.) und politische Fragestellungen in Bezug auf europäische Ernährungstraditionen (De Soucey 2010, S. 432 ff.).

Insbesondere in der Verbindung von Gastronomie und Tourismus steckt Potenzial zur Genese neuen Wissens; beide sind komplexe Forschungsfelder mit vielen Ressourcen und beteiligten Akteuren. Die Entwicklung touristischer Produkte für die Gastronomie als auch die Entwicklung gastronomischer Leistungen für Touristen sind mit der Zubereitung einer Speise vergleichbar: Ein sorgfältig aufeinander abgestimmter Prozess, der in einem einzigartigen Erlebnis mündet (Hjalager und Richards 2002, S. 233).

Touristen stellen als Konsumenten gastronomischer Leistungen eine wichtige Zielgruppe dar. Für den Tourismus bedeuten diese gastronomischen Dienstleistungen einen Mehrwert, vor allem dann, wenn die erbrachten Leistungen in eine einmalige (Urlaubs-) Erfahrung münden. So profitieren beide Seiten voneinander. Vielfach verfügen sowohl die Gastronomiefachleute und -forscher als auch die Tourismusexperten und -forscher über zu wenig Wissen hinsichtlich der jeweils anderen Disziplin. Beide Disziplinen sind daher angehalten, sich mehr Wissen über den jeweils anderen Bereich anzueignen (Hjalager und Richards 2002, S. 225).

In den vergangenen Jahren hat die Zahl wissenschaftlicher Studien, welche touristische und gastronomische Fragestellungen verbinden, beständig zugenommen (Fields 2002; Hall 2003; Hall und Mitchell 2002; Du Rand und Heath 2006; Kivela und Crotts 2009). Aktuell stehen insbesondere Untersuchungen rund um das Thema „food tourism" oder „culinary tourism", dt. auch „kulinarischer Tourismus", und dessen Implikationen auf unterschiedliche andere touristische Bereiche im Mittelpunkt des Forschungsinteresses (McKercher et al. 2008, S. 137). Darauf wird in Kap. 4 näher eingegangen.

Hjalager und Richards (2002, S. 228 ff.) unterstreichen die Notwendigkeit transdisziplinärer Zusammenarbeit und einer ganzheitlichen Betrachtungsweise. Sie plädieren – in Richtung der akademischen Welt – für eine gleichwertige Akzeptanz aller Forschungszugänge (Wissen aus Theorie und Praxis) und die Entwicklung von Strukturen zur Unterstützung einer systematischen Forschungsarbeit in Tourismus und Gastronomie. Dafür schlagen sie fünf methodische Ansätze zur Generierung von Wissen für die gastronomische und touristische Forschungsarbeit vor:

Der „anecdotical approach" inkludiert den Einsatz von Case Studies, welche die Integration von theoretischem und praktischem Wissen ermöglicht. Einsatzmöglichkeiten für zukünftige Forschungsarbeiten ergeben sich aus ihrer Sicht beispielsweise hinsichtlich der Rolle von Tourismus bei der Entwicklung von kulinarischen Themenwegen bzw. der Entwicklung von regionaler Esskultur;

Der „systematic approach" inkludiert, wie auch schon im Namen enthalten, eine systematische, ordnende Herangehensweise des wissenschaftlichen Untersuchungsgegenstands. Hier stehen die Klassifizierung von Information, die Schaffung von Strukturen und Typologisierungen im Vordergrund. Einsatzmöglichkeiten in Tourismus und Gastronomie finden sich beispielsweise bei der Typisierung der Arten von Medieneinflüssen auf regionale Küchen und Regionen, bei der Unterscheidung unterschiedlicher Ebenen von gastronomischem Tourismus (regional, national, international), bei der Klassifizierung unterschiedlicher kultureller Einflüsse auf die Entwicklung lokaler Esskultur.

Der „panoramic approach" impliziert das bewusste Einnehmen einer bestimmten Sichtweise, und davon ausgehend wird ein Sachverhalt interpretiert. Eine chronologische Betrachtung des Untersuchungsgegenstandes und Erklärungszusammenhänge aus historischer, wirtschaftlicher oder anderer Perspektive sind symptomatisch für diesen Ansatz. Forscher wollen damit Erklärungen für das Was, Wie und Warum eines Sachverhaltes finden. Der „panoramic approach" ist sicherlich der in der Forschung gebräuchlichste. In Gastronomie und Tourismus finden sich Einsatzmöglichkeiten bei Untersuchungen in Bezug auf Konsumentenverhalten und -präferenzen, spezifisches touristisches Konsumationsverhalten während des Urlaubs, die Unterschiede beim Konsumationsverhalten bei Massentourismus vs. Individualtourismus, die Innovationsprozesse im Agrotourismus bzw. die gastronomischen touristischen Produkte sowie die Identifikation von Cluster im Bereich Nahrungsmittel und Tourismus.

Der „simultaneous approach" ergänzt die zuvor genannten Ansätze und wirft einen kritischen Blick auf Forschungsmethoden und -projekte. Bei diesem Ansatz finden Techniken und Interpretationsmethoden Anwendung, die überraschen und auch provozieren wollen. Er hinterfragt vermeintliche Wahrheiten und versucht eine neue Sichtweise zu kreieren. Einsatzmöglichkeiten im Zusammenhang mit Tourismus und Gastronomie finden sich beispielsweise in der Neuinterpretation von klassischen Ansätzen in der Gastronomie (so etwa die Ansätze im Werk von Brillat-Savarin) im Lichte ständiger gastronomischer und touristischer Weiterentwicklung, in der Analyse der Medienpräsenz von Essen und Reisen, wie beispielsweise in Form von Kochbüchern und Kochsendungen im TV und der Verflechtung mit Journalismus und Marketing, in der Analyse von Essen und dessen Zubereitung in touristischen Werbematerialien, in der Analyse von Social-Media-Aktivitäten in Bezug auf Gastronomie und Tourismus bzw. deren Produkte, in den Fragen der Ethik im Bereich Essen und Tourismus.

Der „enactive approach" wiederum vertritt einen Ansatz, der aktives Tun im Forschungsprozess inkludiert. Forscher sind dabei eng in den touristischen oder gastronomischen Vorgang involviert und können die Sachverhalte, die sie beschreiben, auch direkt beeinflussen. Die Ergebnisse dieser Untersuchungen münden oft in Empfehlungen. Bei diesem Ansatz stehen die Entwicklung von Konzepten und Strategien im Vordergrund und weniger eine strikte wissenschaftliche Vorgehensweise, wie zum Beispiel beim „panoramic approach". Die Integration von Forschung in lokale Entwicklungsprozesse kann für alle Beteiligten (Hochschule, Regionen, Industrie) – vor allem für den ländlichen Raum – essentielle Vorteile in Bezug auf die Wertschöpfung, die Schaffung von qualifizierten Arbeitsplätzen und die Initiierung von Netzwerken haben. Kritikern dieses Ansatzes kann entgegengehalten werden, dass dieser Ansatz auch Vorteile für die Qualität der Forschungsergebnisse bringt. Forscher sind in der Auseinandersetzung mit realen Problemstellungen konfrontiert und erhalten aktuelle Informationen und Daten für ihre Forschungsarbeit. Beispiele für Einsatzmöglichkeiten dieses Ansatzes sind Lebensmittelsicherheit und Qualitätsoffensiven, Markenbildungsstrategien, Qualifikationsoffensiven für Mitarbeiter und Führungskräfte sowie die Integration von wirtschaftlichen, sozialen und kulturellen Werten in den Bereichen Gastronomie und Tourismus.

Insgesamt sind die vielen unterschiedlichen Sichtweisen und Perspektiven in der Betrachtung des Bereichs Gastronomie eine große Herausforderung für die Forschungsarbeit in dieser Disziplin. Es existieren noch zahlreiche unerforschte Bereiche und unbeantwortete Fragestellungen im Forschungsfeld Gastronomie, die Gegenstand zukünftiger transdisziplinärer Forschungsarbeit darstellen und neue Erkenntnisse für den wissenschaftlichen Diskurs mit Forschung in der Gastronomie erwarten lassen.

Literatur

Ankeny RA (2012) Food and ethical consumption. In: Pilcher JM (Hrsg) The Oxford handbook of food history. Oxford University Press, New York, S 461–480

Beer S, Edwards J, Fernandes C, Sampaio F (2002) Regional food cultures: integral to the rural tourism product? In: Hjalager AM, Richards G (Hrsg) Tourism and gastronomy. Routledge, London, S 208–223

Berchoux J (1819) La gastronomie; suivi des poesies fugitives de l'auteur, University of Toronto Libraries. https://archive.org/details/lagastronomiepoe00bercuoft. Zugegriffen: 15. Juli 2014

Clark Burnett S, Ray K (2012) Sociology of food. In: Pilcher JM (Hrsg) The Oxford handbook of food history. Oxford University Press, New York, S 135–153

Cohen E, Avieli N (2004) Food in tourism. Attraction and impediment. Annals Tour Res 31:755–778

Dalby A (2003) Food in the ancient world. From A to Z? Psychology, East Sussex

De Soucey M (2010) Gastronationalism: food traditions and authenticity politics in the European Union. American Sociol Rev 75:432–455. doi:10.1177/0003122410372226

Deutsch T (2012) Labor histories of food. In: Pilcher JM (Hrsg.) The Oxford handbook of food history. Oxford University Press, New York, S 61–80

Du Rand GE, Heath E (2006) Towards a framework for food tourism as an element of destination marketing. Curr Issues Tour 9:206–234. doi:1368-3500/06/03 0206-29$20/0

Everett S (2008) Beyond the visual gaze?: the pursuit of an embodied experience through food tourism. Tour Stud 8:337–358. doi:10.1177/1468797608100594

Fields K (2002) Demand for the gastronomy tourism product: motivational factors. In: Hjalager AM, Richards G (Hrsg) Tourism and gastronomy. Routledge, London, S 36–50

Freedman P (2012) The medieval spice trade. In: Pilcher JM (Hrsg) The Oxford handbook of food history. Oxford University Press, New York, S 324–340

Fuat Firat A, Dholakia N (2006) Theoretical and philosophical implications of postmodern debates: some challenges to modern marketing. Mark Theory 6:123–162. doi:10.1177/1470593106063981

Gewerbeordung 1994 – GewO (1994) Auszug aus der Gewerbeordnung 1994 § 111 (1) BGBl.Nr. 194/1994 (WV) zuletzt geändert durch BGBl. I Nr. 111/2002

Gewerbeordnung 1994 – GewO (1994) Verordnung des Bundesministers für Wirtschaft und Arbeit über die Zugangsvoraussetzungen für das Gastgewerbe (Gastgewerbe-Verordnung) 1994 § 18 (1), BGBl. Nr. 194/1994 idF. von BGBL. Nr. 51/2003 zuletzt geändert durch das Bundesgesetz BGBl. I Nr. 111/2002

Gillespie C (2001) European gastronomy in the 21st century. Butterworth Heinemann, Oxford

Gustafsson IB (2004) Culinary arts and meal science – a new scientific research discipline. Peer rev. Food Serv Technol 4:9–20

Hall CM (Hrsg) (2003) Wine, food and tourism marketing. Routledge, New York

Hall M, Mitchell R (2002) Tourism as a force for gastronomic globalization and localization. In: Hjalager AM, Richards G (Hrsg) Tourism and gastronomy. Routledge, London, S 72–87

Harrington RJ (2005) Defining gastronomic identity: the impact of environment and culture on prevailing components, texture and flavors in wine and food. J Culin Sci Technol 4:129–152. doi:10.1300/J385v04n02_10

Hässler KH (2011) Betriebsarten und Betriebstypen des Gastgewerbes. In: Hässler KH (Hrsg) Management in der Hotellerie und Gastronomie. Betriebswirtschaftliche Grundlagen. Oldenbourg, München, S 37–69

Hjalager AM, Richards G (2002) Still undigested: research issues in tourism and gastronomy. In: Hjalager AM, Richards G (Hrsg) Tourism and gastronomy. Routledge, London, S 224–234

Hohm C (2008) Essen und Trinken im Bedeutungswandel. Der önogastronomische Tourismus als Vermarktungsform regionaltypischer Produkte. VDM, Saarbrücken

Hussain Z, Lema J, Agrusa J (2012) Enhancing the Cultural Tourism Experience Through Gastronomy in the Maldives. Journal of Tourism Challenges and Trends 2:71–84.

Ignatov E, Smith St (2006) Segmenting Canadian culinary tourists. Curr Issues Tour 9(3):235–255

Kivela J, Crotts J (2005) Gastronomy tourism: a meaningful travel market segment. J Culin Sci Technol 4:39–55. doi:10.1300/J385v04n02_03

Kivela J, Crotts J (2006) Tourism and gastronomy: gastronomy's influence on how tourists experience a destination. J Hosp Tour Res 30:354–377. doi:10.1177/1096348006286797

Kivela J, Crotts J (2009) Understanding traveler's experiences of gastronomy through etymology and narration. J Hosp Tour Res 33:161–192. doi:10.1177/1096348008329868

Klosse P (2013) The essence of gastronomy: understanding the flavor of food and beverages. CRS, Boca Raton

MacDonogh G (2009) The education of a gastronome: brillat-savarin: the nouvelle cuisine, enlightenment and revolution. Pet Propos Culin 88:59–74

McKercher B, Okumus F, Okumus B (2008) Food tourism as a viable market segment: it's all how you cook the numbers! J Travel Tour Mark 25:137–148. doi:10.1080/10548400802402404

Meffert H, Bruhn M (2006) Dienstleistungsmarketing, 5 Aufl. Gabler, Wiesbaden

Meyer H (2011) Management in der Gastronomie. Gründung, Steuerung und Finanzierung von Familienbetrieben. Oldenbourg, München

Morton M (1997) Cupboard love: a dictionary of culinary curiosities. Bain & Cox, Winnipeg, S 139–140

Müller M, Rachfahl G (2004) Das große Lexikon der Hotellerie und Gastronomie. B. Behr's, Hamburg

Navarro V, Serrano G, Lasa D, Aduriz AL, Ayo J (2011) Cooking and nutritional science: gastronomy goes further. Int J Gastron Food Sci 1:37–45. doi:10.1016/j.ijgfs.2011.11.004

Opazo PM (2012) Discourse as driver of innovation in contemporary haute cuisine: the case of elBulli restaurant. Scientific paper. Int J Gastron Food Sci 1:82–89. doi:10.1016/j.ijgfs.2013.06.001

Penfold S (2012) Fast food. In: Pilcher JM (Hrsg) The Oxford handbook of food history. Oxford University Press, New York, S 279–301

Pilcher JM (2012) Cultural histories of food. In: Pilcher JM (Hrsg) The Oxford handbook of food history. Oxford University Press, New York, S 42–60

Pine J II, Gilmore JH (1998) Welcome to the experience economy. Harvard Business Review. Reprint 98407, Aus. Juli-August, S 97–105

Reportlinker (2014) Restaurant and Food Services Industry Market Research & Statistics. Global Restaurant & Food Services Industry. http://www.reportlinker.com/ci02054/Restaurant-and-Food-Services.html. Zugegriffen: 26. Juli 2014

Richards G (2002) Gastronomy: an essential ingredient in tourism production and consumption? In: Hjalager AM, Richards G (Hrsg) Tourism and gastronomy. Routledge, London, S 3–20

Santich B (2004) The study of gastronomy and its relevance to hospitality education and training. J Hosp Manage 23:15–24. doi:10.1016/S0278-4319(03)00069-0

Scarpato R (2002) Gastronomy as a tourist product: the perspective of gastronomy studies. In: Hjalager AM, Richards G (Hrsg) Tourism and gastronomy. Routledge, London, S 51–70

Schaller F (2004) Erkundungen zum Transdisziplinaritätsbegriff. In: Brand F, Schaller F, Völker H (Hrsg) Transdisziplinarität. Bestandsaufnahme und Perspektiven. Beiträge zur THESIS-Arbeitstagung im Oktober 2003 in Göttingen, Universitätsverlag Göttingen, S 33–45

Simonetti L (2012) The ideology of slow food. J Eur Stud 42:168–189. doi:10.1177/0047244112436908

Sipe D (2009) Social gastronomy: Fourier and Brillat-Savarin. French Cult Stud 20:219–236. doi:10.1177/0957155809105744

Symons M (2013) The rise of the restaurant and the fate of hospitality. Int J Contem Hosp Manage 25:247–263. doi:10.1108/09596111311301621

Tierney RK, Ohnuki-Tierney E (2012) Anthropology of food. In: Pilcher JM (Hrsg) The Oxford handbook of food history. Oxford University Press, New York, S 117–134

Watts S (2012) Food and the annales school. In: Pilcher JM (Hrsg) The Oxford handbook of food history. Oxford University Press, New York, S 3–17

Wermke M, Kunkel-Razum K, Scholze-Stubenrecht W (Hrsg) (2007) Duden Fremdwörterbuch, 9 Aufl. Mannheim

Wirtschaftskammer Österreich, Bundessparte Tourismus und Freizeitwirtschaft (2013) Jahresstatistik 2013. Anzahl der Berufszweigmitglieder

Wirtschaftskammer Österreich, Bundessparte Tourismus und Freizeitwirtschaft (2014) Tourismus und Freizeitwirtschaft in Zahlen. Österreichische und internationale Tourismus- und Wirtschaftsdaten, 50. Ausgabe. Wirtschaftskammer Österreich, Wien

Wolf K (2005) Gastgewerbliche Betriebslehre. Matthaes, Stuttgart

Wolf K, Heckmann R (2008) Marketing für Hotellerie und Gastronomie. Matthaes, Stuttgart

Würstl, Tofu oder doch Ananas?

Die kulinarischen Grundeinstellungen der Gäste der Wiener Gastronomie

Klaus-Peter Fritz und Elisabeth Sailer

2.1 Einleitung

Wer isst was, warum, wo und wann? Diese – auf den ersten Blick sehr triviale Frage – ist facettenreicher, als man annehmen möchte. Die Themen Ernährung und Kulinarik bergen einiges an Komplexität. In den letzten Jahrzehnten haben sich die Ernährungsgewohnheiten und damit verbunden die gesellschaftlichen Ansprüche an die Ernährung immer wieder rasant verändert.

Essen war schon immer ein zentrales Element der Gesellschaft, ist in jüngerer Vergangenheit jedoch immer mehr in den Fokus gerückt. Das zunehmende Interesse an Ernährung und Essverhalten ist nicht nur auf eine immer breiter werdende Palette an Möglichkeiten zu essen zurückzuführen, sondern auch den Anforderungen unserer modernen Gesellschaft geschuldet.

Klar geregelte Tagesabläufe sind eher die Ausnahme denn die Regel (Nestlé 2011). Als Konsequenz daraus verschwimmen die Zeiten, in denen gegessen wird, mit Zeiten, in denen gearbeitet oder anderweitigen Tätigkeiten nachgegangen wird. Das „Außer-Haus-Essen" ist zu einem wichtigen Teil des Lebens geworden. „Schnell satt werden", „günstig einkaufen" und nach Möglichkeit auch noch „abnehmen" sind dabei nur eine von vielen Seiten. Längst ist Essen nicht mehr nur Mittel zum Zweck. Moderne Ernährung muss unterschiedlichen Ansprüchen gerecht werden. Somit wachsen nicht nur die Herausforderungen an das, was gegessen wird, sondern auch an die Orte, an denen gegessen wird,

K.-P. Fritz (✉) · E. Sailer
Wien, Österreich
E-Mail: klaus.fritz@fh-wien.ac.at

E. Sailer
E-Mail: elisabeth.sailer@gmx.at

© Springer Fachmedien Wiesbaden 2015
K.-P. Fritz, D. Wagner (Hrsg.), *Forschungsfeld Gastronomie,*
Forschung und Praxis an der FHWien der WKW, DOI 10.1007/978-3-658-05195-2_2

sprich: an alle, die Möglichkeiten zur Nahrungsaufnahme bereitstellen, insbesondere die Gastronomie.

Die Kunden wollen ihre breite Palette an Ansprüchen in unterschiedlichen Ausprägungen erfüllt sehen, während die Gastronomen ihrerseits klare Ziele (meist betriebswirtschaftlicher Natur) verfolgen. Die teils „schmetterlingshaften" Konsumgewohnheiten der Kunden machen es den Gastronomen nicht einfacher. Salopp formuliert könnte man sagen, „die Stammkundschaft stirbt weg und der Nachwuchs rennt den Trendlokalen nach" (Spiekermann 2003, S. 63). Spiekermann (2003) spricht in diesem Zusammenhang auch von der Auszehrung der gastronomischen „Mitte".

Zugleich sehen sich Gastronomen mit einer wachsende Wettbewerbsintensität, steigendem Preisdruck und einem generellen gastronomischen Überangebot konfrontiert (Schneider 2009, S. 53). Es gilt also, die eigene Position zu halten bzw. auszubauen sowie sich auf attraktive Marktsegmente und Kundengruppen zu konzentrieren (Schneider 2009, S. 53).

Vor diesem Hintergrund scheint es essentiell, den Kunden und seine Bedürfnisse zu kennen und zu verstehen. Der zunehmenden Kostensensibilisierung und den grundlegenden Anforderungen an Essen, nämlich ein menschliches Grundbedürfnis zu erfüllen, stehen die ständige Suche nach Neuem und der Drang nach Selbstverwirklichung gegenüber.

Das Sprichwort „Dis-moi ce que tu manges: je te dirai ce que tu es", zu Deutsch „Sag mir, was du isst, und ich sage dir, wer du bist" (Brillat-Savarin 1826), ist zwar schon rund 200 Jahre alt, brachte aber schon damals zum Ausdruck, was heute sehr aktuell scheint. Essen und Nahrungsaufnahme sind ein wichtiger Teil kulinarisch-affiner Lebensstile geworden (Riley 1994; Fields 2002, S. 38). Menschen definieren sich über das, was sie essen. Ernährung ist zu einem „Lifestyle-Produkt" geworden. Bio- und Ökoprodukte, Wellnessprodukte, Convenienceprodukte usw. – sie alle bringen etwas zum Ausdruck und stehen für eine gewisse Einstellung und Geisteshaltung.

Doch wie sehen diese grundlegenden Einstellungen dem Essen gegenüber konkret aus? Welche Faktoren spielen beim Essverhalten eine Rolle, und welche grundlegenden Typologien von Konsumenten können daraus abgeleitet werden? Diesen Fragen zu den „kulinarischen Grundeinstellungen" wird auf den folgenden Seiten nachgegangen. Im Zentrum stehen dabei die Unterschiede in den „kulinarischen Grundeinstellungen" der englisch- und deutschsprachigen Gäste (Touristen und lokale Bevölkerung, 15+) der Wiener „Kerngastronomie" (Gasthäuser, Restaurants, Heurigen, Kaffeehäuser).

2.2 Beschreibung der methodischen Vorgehensweise

Als geeignete Forschungsmethode wurde eine Befragung mittels Fragebogen durchgeführt.

Auf der Basis von Literaturrecherchen wurden fünf relevante Dimensionen mit Einfluss auf die kulinarischen Grundeistellungen identifiziert. Angelehnt an diese Dimensionen wurde ein standardisierter Fragebogen entwickelt. Der Fragebogen gliederte sich in zwei Teile: Eingangs wurden den Gästen Einstellungsfragen zum allgemeinen Ernährungs- und Konsumverhalten gestellt (z. B. zu folgenden Themen: „Mir macht es nichts aus, auch einmal zu sündigen", „Beim Essen lege ich viel Wert auf die Atmosphäre ‚drumherum'"). Die Aussagen mussten auf einer siebenstufigen Skala (1 = stimme überhaupt nicht zu; 7 = stimme voll und ganz zu) beurteilt werden. Die Fragen zum Ernährungs- und Konsumverhalten bildeten die Grundlage für die Analyse der kulinarischen Grundeinstellungen. Im zweiten Teil des Fragebogens wurden soziodemografische Daten wie Alter, Geschlecht, Haushaltseinkommen oder Herkunft abgefragt.

Die Befragung wurde in insgesamt 24 Betrieben der Wiener „Kerngastronomie" durchgeführt. Konkret handelte es sich dabei um folgende Betriebsarten: sechs Restaurants, sechs Gasthäuser, sechs Kaffeehäuser und sechs Heurigen. Befragt wurde an jeweils verschiedenen Wochentagen zu unterschiedlichen Uhrzeiten. Auch an Wochenenden und Feiertagen wurden Befragungen durchgeführt. Die Fragebögen waren als Selbstausfüller konzipiert, das heißt, sie konnten ohne Eingreifen durch die Projektmitarbeiter ausgefüllt werden.

Nach der Durchführung der Befragung und der Datenkontrolle bzw. der Datenbereinigung (sinnlos ausgefüllte Fragebögen, zu viele fehlende Antworten usw.) zeigte sich folgendes Bild: Die Gesamtstichprobe lag bei 1836 Teilnehmern. Davon wurden nach der Datenbereinigung 1611 Fälle zur näheren Analyse herangezogen.

Um den kulinarischen Grundeinstellungen etwas näherzukommen, wurde in einem nächsten Schritt eine Faktorenanalyse durchgeführt. Dieses Analyseverfahren ermöglicht die Reduktion vieler Einstellungsfragen (Variablen) auf einige wenige zentrale Elemente (Faktoren). Das heißt, mehrere Einstellungsfragen werden zu einem Faktor zusammengefasst, wenn unter den Faktoren starke Zusammenhänge (Korrelationen) erkennbar sind (Bühl 2010, S. 555). Bei der Analyse konnten sechs Faktoren identifiziert werden. Die „6er"-Lösung war inhaltlich aussagekräftig und konnte so gut benannt werden.

Mithilfe dieser Faktoren wurden die fünf Dimensionen zur Beschreibung der kulinarischen Grundeinstellungen noch weiter verdichtet und erklärt. Der erste Schritt war somit erledigt und die wesentlichen Einflussfaktoren auf die kulinarischen Grundeinstellungen identifiziert.

Aufbauend auf die Faktorenanalyse wurde eine Clusteranalyse durchgeführt. Bei der Clusteranalyse werden Personen zu Gruppen mit ähnlichen Merkmalen zusammengefasst (Bühl 2010, S. 593). Die Clusteranalyse bildet somit die Grundlage für Beschreibung unterschiedlicher Typologien von Konsumenten („Gastrotypen"). Die Analyse hat bei acht Clustern ein sehr stimmiges Bild ergeben.

In einem nächsten Schritt wurden die Gastrotypen benannt und ausführlich analysiert. Abschließend erfolgte noch eine vergleichende Auswertung der Daten nach Betriebsarten. So konnten auch einige Rückschlüsse über die Grundstruktur der Gäste der Wiener Gastronomie gezogen werden.

2.3 Definition kulinarischer Grundeinstellungen

Um den Begriff der „kulinarische Grundeinstellungen" greifbarer zu machen, ist es notwendig, klarzustellen, wovon konkret eigentlich die Rede ist.

„Kulinarisch" stammt vom lateinischen Wort „culina" (Küche). Unter „kulinarisch" kann man Dinge verstehen, die durch feine Kochkunst entstanden sind, sich auf dieselbe beziehen bzw. dem Genuss dienen (Wermke et al. 2007, S. 578). Auch dem Begriff „Kulinarik" (s. Abschn. 1.2) werden unterschiedliche Bedeutungen beigemessen.

Der kulinarische Begriff ist demnach nicht einheitlich zu definieren, sondern kann je nach Kontext weiter oder enger gefasst sein. So reicht er von der Kochkunst allein über den sozialen Kontext, der bei der Essenszubereitung und dem Verzehr von Speisen eine Rolle spielt, bis zu sämtlichen für eine Region oder Destination typischen Speisen.

In der vorliegenden Arbeit wird der Begriff „kulinarisch" noch ein Stück weiter gefasst und beschreibt sämtliche Aspekte, die mit Essen zu tun haben (Einkauf von Lebensmitteln, Zubereitung von Speisen, Verzehrgewohnheiten und Ernährungsverhalten). Diesem breiten Verständnis entsprechend, bezieht sich der Begriff also keinesfalls nur auf die (gehobene) Kochkunst.

Definition Einstellung Obwohl die Einstellung das wohl meist erforschte Konstrukt der Verhaltensforschung ist, gibt es keine einheitliche Definition. Je nach Autor und Autorin steht ein anderer Aspekt im Vordergrund (Kroeber-Riel und Gröppel-Klein 2013, S. 233).

Meffert et al. (2008, S. 121) definieren Einstellung folgendermaßen: „Einstellungen sind innere Bereitschaften (Prädispositionen) eines Individuums, auf bestimmte Stimuli der Umwelt konsistent positiv oder negativ zu reagieren." Auch Jafari (2000, S. 34) bezeichnet Einstellungen als innere Haltung gegenüber „Objekten, Personen oder Situationen". Eine Einstellung beschreibt das Wissen über ein Objekt, die positive oder negative Bewertung desselben sowie eine Handlungsanweisung oder -tendenz, was in der jeweiligen Situation zu tun ist (Jafari 2000, S. 34). Benkenstein und Uhrich (2009, S. 220) definieren das Konstrukt ähnlich: Eine Einstellung beschreibt, „dass Nachfrager auf bestimmte Reize konsistent positiv bzw. negativ reagieren." Trommsdorff und Teichert (2011, S. 125) beschreiben Einstellungen als „besonders verhaltensprägend". Außerdem sind Einstellungen gut messbar. Ähnlich der Definition von Meffert et al. definieren Trommsdorff und Teichert (2011, S. 126) Einstellungen als: „Zustand einer gelernten und relativ dauerhaften Bereitschaft, in einer entsprechenden Situation gegenüber dem betreffenden Objekt regelmäßig mehr oder weniger stark positiv bzw. negativ zu reagieren".

Die Definitionen überschneiden sich insofern, als alle Autoren und Autorinnen Einstellung als „Bereitschaft zu reagieren" beschreiben. Trommsdorff und Teichert ergänzen den Begriff allerdings um den Objektbezug. Einstellungen beziehen sich folglich immer auf ein bestimmtes Objekt, wobei das Objekt auch eine Verhaltensweise oder ein anderes Individuum sein kann (Trommsdorff und Teichert 2011, S. 126; Jafari 2000, S. 34).

Die Autoren und Autorinnen sind sich einig, dass eine Einstellung ein relativ beständiges Konstrukt darstellt, da man sich „konsistent" bzw. „regelmäßig" der Einstellung konform verhält. Wird diese Definition von Einstellungen nun auf das Ernährungsverhalten von Menschen umgelegt, ergibt sich folgende Definition der „kulinarischen Grundeinstellungen":

► **Kulinarische Grundeinstellungen** Die innere Bereitschaft, in entsprechenden Situationen konstant positiv oder negativ auf ein Objekt zu reagieren, wobei das Objekt eine verzehrfertige Speise, ein bestimmtes Nahrungsmittel (auch Getränke) oder eine Kombination aus beidem sein kann. In anderen Worten: Die „kulinarischen Grundeinstellungen" erklären, welche Faktoren einen Menschen in Bezug auf sein Ernährungsverhalten sowie seine Vorlieben bei der Nahrungsbeschaffung und -aufnahme beeinflussen.

Ein Ziel dieses Buches ist die Vermittlung eines möglichst umfassenden Bildes der kulinarischen Grundeinstellungen sowie eine Identifikation der Faktoren, die diesen Einstellungen zugrunde liegen.

Die Einstellungen der Gäste sind vor allem für Unternehmen von essentieller Bedeutung. Wenn sie die Einstellungen der Kunden kennen und wissen, wie Konsumenten ihre Kaufentscheidungen treffen, können sie ihre Marketingaktivitäten dementsprechend ausrichten und den Gästen genau das bieten, was sie suchen (Swarbrooke und Horner 2007, S. 7).

2.4 Die fünf Bereiche kulinarischer Grundeinstellungen

Die kulinarischen Grundeinstellungen sind weit mehr als der reine Geschmack von Speisen. Die Speisen- und Lebensmittelwahl läuft sehr differenziert ab (Pudel 2003, S. 122) und basiert auf einem Zusammenspiel vieler Faktoren (Mak et al. 2012, S. 929).

Im Kern lassen sich die folgenden Dimensionen grob unterscheiden:

- auf die *Person* bezogene Aspekte,
- auf das *Essen* bezogene Aspekte und
- auf die *Umwelt* bezogene Aspekte.

(Mak et al. 2012, S. 929; Gains 1994; Meiselman et al. 1999)

Unter personenbezogenen Aspekten werden beispielsweise der soziokulturelle Hintergrund sowie die psychologischen und physiologischen Merkmale eines Menschen verstanden (Mak et al. 2012, S. 929). Die umweltbezogenen Aspekte wiederum beschreiben kulturelle, ökologische, soziale und ökonomische Einflussgrößen. Schließlich spielen noch die essensbezogenen Aspekte wie der Geschmack der Speisen oder andere sensorische Attribute wie Aussehen oder Geruch der Speisen eine Rolle.

Alle diese Aspekte wirken in unterschiedlicher Intensität auf die Einstellungen einer Person (Meffert et al. 2008, S. 107), wobei Studien gezeigt haben, dass die individuellen, personenbezogenen Motive meistens stark ausgeprägt sind.

Nun stellt sich die Frage, was konkret unter den jeweiligen Einflussgrößen zu verstehen ist. Um diese Frage systematisch aufarbeiten zu können, werden die oben angeführten Dimensionen in fünf Teilbereiche untergliedert.

1. Auf die Person bezogenen Aspekte:
   a. Soziodemografische Faktoren und ökonomische Überlegungen
   b. Konsum und Genuss, Sensorik und Geschmack
2. Auf das Essen bezogene Aspekte:
   c. Ernährungsphysiologie und gesundheitliche Überlegungen
3. Auf die Umwelt bezogene Aspekte:
   d. Der Gedanke der Nachhaltigkeit – regional, saisonal, biologisch und fair
   e. Die soziale Dimension – „beim Essen kommen die Leut' zam"

2.4.1 Soziodemografische Faktoren und ökonomische Überlegungen

Soziökonomische Faktoren wie das Geschlecht, das Alter, die Ausbildung oder das verfügbare Haushaltseinkommen werden als Schlüsselvariablen bei den kulinarischen Grundeinstellungen identifiziert (Kim et al. 2009, S. 428; Furst et al. 1996; Khan und Hackler 1981; Randall und Sanjur 1981).

Dem Alter und dem Geschlecht kommen dabei eine besondere Rolle zu (Mak et al. 2012). So lassen sich signifikante Unterschiede in den kulinarischen Grundeinstellungen zwischen Männern und Frauen feststellen. Studien zeigen beispielsweise, dass Frauen insbesondere sichere Lebensmittel wichtig sind. Männer hingegen legen im Hinblick auf die Entscheidung für oder gegen eine Speise auf den Geschmack mehr Wert (Flynn et al. 1994). Frauen machen sich zudem mehr Gedanken über gesundheitliche Aspekte. Männer wiederum sehen diese Thematik eher neutral (Wadolowska et al. 2008).

Ein höheres Ausbildungsniveau sowie der aktuell ausgeübte Beruf können ebenso wichtige Faktoren bei der Essenswahl sein (Wadolowska et al. 2008; Kim et al. 2009, S. 428). So sind laut Valli und Traill (2005) höher ausgebildete Menschen eher um ihre Gesundheit besorgt als weniger gut ausgebildete Personen. Auch Wadolowska et al. (2008) haben einen Zusammenhang zwischen dem Ausbildungsniveau und der Relevanz von gesundheitlichen Aspekten in Bezug auf die Ernährung identifiziert.

In Bezug auf die kulinarischen Grundeinstellungen spielen auch ökonomische Überlegungen in vielerlei Hinsicht eine wesentliche Rolle. Die Wahl des Essens erfolgt mehr und mehr situationsabhängig und ist immer weniger eine konstante Verhaltensweise. „Der Mensch ist, was er isst" wird zu „der Mensch isst das, wo er gerade ist" (Pudel 2003).

Der vielzitierte „Wandel der Werte", der sich in einer zunehmenden Verzerrung der Tagesabläufe bzw. einer Endstrukturierung derselben niederschlägt, macht „Flexibilität" zu einem geläufigen Schlagwort. Kurze Zeitfenster bestimmen, was gegessen wird. „Essen im Vorbeigehen, preiswert und schnell" oder „Fast Food" werden zum Trend und machen die Nahrungsaufnahme so zu einer Begleiterscheinung des Alltags (Hohm 2008, S. 41).

Zeitmangel und die Lockerung von Verhaltensvorschriften sind Kennzeichen für diese „Informalisierung" des Essens (Hohm 2008, S. 41). Das Essen bzw. die Speisen selbst werden dabei zur Nebensache. Die Kluft zwischen den „geregelten" und „ungeregelten" Essenstypen wird sich vermutlich noch weiter verstärken (Nestlé 2011, S. 21 ff.). Daraus resultieren Ernährungsdefizite, die sich auch im gesundheitlichen Bereich niederschlagen – zumindest erkennen viele Befragte Defizite in ihrer Ernährungsweise (Nestlé 2011, S. 21 ff.).

2.4.2   Konsum und Genuss, Sensorik und Geschmack

Den Faktoren Genuss, Qualität und Sensorik kommt im Hinblick auf die kulinarischen Grundeinstellungen eine wichtige Rolle zu.

Der Genuss des Essens wird in der „Genusshierarchie" eines Menschen allgemein hoch angesetzt (Pudel 2003, S. 125). Guter Geschmack wird oft als der ubiquitäre Grund für eine bestimmte Nahrungswahl angeführt, bedarf als verhaltenssteuerndes Element im Grunde aber einer psychologischen Deutung. Oder in anderen Worten: Geschmäcker sind eben verschieden. Es ist schwierig, so etwas wie *den* guten Geschmack zu definieren (Pudel 2003, S. 127).

Diese großen Unterschiede in den Geschmackspräferenzen (Harris 1995) sind nicht nur auf physiologische, sondern auch auf psychologische Gründe zurückzuführen. „Der gute Geschmack" ist in erster Linie das Resultat einer erfahrungsbedingten Gewohnheitsbildung, was laut Pudel (2003, S. 128) auch dazu führt, dass die Geschmackspräferenzen sehr fixiert und relativ resistent gegen Änderungen sind.

Essen bzw. die Nahrungsaufnahme sind buchstäblich eine „sinnliche" Erfahrung. Sensorische Faktoren wie Aussehen, Geruch und Geschmack der Speisen spielen eine wichtige Rolle bei der Essensentscheidung (Fields 2002, S. 37). Insbesondere der Geschmack von Speisen scheint von zentraler Bedeutung für die kulinarischen Grundeinstellungen zu sein. Er ist das Schlüsselelement für Menschen in nahezu allen Essensangelegenheiten (Kim et al. 2009). Der moderne „Esser" ist bestrebt, den sensorischen Genuss zu optimieren (Pudel 2003). Auch die Analyse der Konsumententypologien hat gezeigt, dass Geschmack quer durch alle Kundenschichten als einer der wichtigsten Faktoren bei der Essensentscheidung angeführt wird (vgl. dazu auch Kap. 2.5)

Neben der sensorischen Optimierung bzw. dem Geschmackserlebnis hat auch das Ambiente, in dem gegessen wird, Einfluss auf das Genusserlebnis. Spiekermann (2003, S. 65) spricht überhaupt davon, dass das „Drumherum" bei der Nahrungsaufnahme wichtiger als die Speisen selbst sei. Die Essenden verlangen nach dem Besonderen in Verbindung mit der Suche nach außergewöhnlichen Locations (Spiekermann 2003, S. 64).

Insbesondere der Aspekt der „Sauberkeit" und das ansprechende Ambiente sind hier zu nennen (Kim et al. 2009, S. 428). Ob der Gast letztlich ein Restaurant besucht, wird von der jeweiligen Atmosphäre stark beeinflusst (Meiselman et al., 2000; Yüksel und Yüksel 2003; Kim et al. 2009, S. 425). Darüber hinaus spielt die Servicequalität in einem Lokal eine nicht zu unterschätzende Rolle. Konsumenten verbringen mehr Zeit in Lokalitäten, in denen das Service oder eben das „Drumherum" ein positives Gefühl vermitteln (Yüksel und Yüksel 2003, S. 54; Kim et al. 2009, S. 428). Dadurch wird Essen von einer rein kognitiven bzw. sensorischen Erfahrung zu einem emotionalen Erlebnis. Diese emotionalen Erlebnisse wirken gleichsam stärker als kognitive Informationen (Pudel 2003, S. 133) und leisten so ihren Beitrag zur Komplexität der kulinarischen Grundeinstellungen.

Genuss lässt sich also als Zusammenspiel einer Vielzahl von bewussten oder unbewussten Reizen definieren. Dieses Zusammenwirken unterschiedlicher Reize führt dazu, dass einzelne Speisen mit subjektiven (also personenbezogenen) Bedeutungen belegt werden, welche wiederum den Menschen in seinem Denken und Handeln in Bezug auf die Nahrungsaufnahme beeinflussen (Rath 1984, S. 44–45; Spiekermann 2003). Pudel spricht in diesem Zusammenhang von der Psychologie des Essens, die weit über die Physiologie der Nahrungsaufnahme hinausgeht.

Die im Rahmen dieser Studie durchgeführte Faktorenanalyse hat folgendes Bild ergeben:

Faktor 1: „Genuss, Sensorik und Geschmack"
- Ich gönne mir öfter einen Besuch in einem guten Restaurant.
- Mir sind gute Getränke genauso wichtig wie geschmackvolle Speisen.
- Bei dem, was ich esse, sind mir folgende Punkte besonders wichtig: guter Geschmack der Speisen/Getränke.
- Bei dem, was ich esse, sind mir folgende Punkte besonders wichtig: frische Zubereitung
- Bei dem, was ich esse, sind mir folgende Punkte besonders wichtig: Aussehen der Speisen/Getränke.
- Bei dem, was ich esse, sind mir folgende Punkte besonders wichtig: guter Geruch der Speisen/Getränke.
- Beim Essen lege ich viel Wert auf die Atmosphäre „drumherum".

Faktor 2: „Auch einmal preiswert sündigen"
- Mir macht es nichts aus, beim Essen auch mal zu sündigen.
- Ich kaufe möglichst viele Lebensmittel im Discounter (z. B. Hofer, Penny, Lidl, …).
- Ich kaufe möglichst wenige Lebensmittel in Fachgeschäften (Fleischer, Bäcker usw.).
- Mir macht es nichts aus, auch einmal ungesund zu essen.

Es haben sich zwei personenbezogene „Genussfaktoren" herauskristallisiert. Zum einem der Faktor „Genuss, Sensorik und Geschmack", welcher sich aus den unterschiedlichen sensorischen Dimensionen sowie der Atmosphäre „drumherum" und dem Besuch guter Restaurants zusammensetzt. Und zum anderen der Faktor „Auch einmal preiswert sündigen", welcher zum Ausdruck bringt, dass auch gerne einmal „gesündigt" und ungesund gegessen wird bzw. Lebensmittel vorzugsweise beim Discounter gekauft werden.

2.4.3 Ernährungsphysiologie und gesundheitliche Überlegungen

Ein weiterer, sehr bedeutender Bereich, welcher Einfluss auf die kulinarischen Grundeinstellungen hat, ist das Thema Ernährungsphysiologie in Verbindung mit gesundheitlichen Überlegungen.

Man möchte vermuten, dass sich die essensbezogenen Aspekte der kulinarischen Grundeinstellungen in erster Linie an den Parametern der Ernährungswissenschaft orientieren. Laut Pudel (2003, S. 126) ist das Gegenteil der Fall: Ernährungsphysiologische Parameter spielen zwar eine Rolle, doch nicht die, die sie spielen sollten (zumindest aus ernährungsphysiologischer Sicht). Die zunehmende Inzidenz an ernährungsabhängigen Erkrankungen (z. B. Diabetes) ist ein gutes Indiz dafür (Keller und Chanda 2003, S. 116). Sich verändernde Ernährungs- und Lebensgewohnheiten (sozioökonomische Verhältnisse – siehe auch Abschn. 2.4.1) spielen dabei eine große Rolle.

Ernährungsphysiologische Aspekte scheinen also eine untergeordnete Rolle zu spielen. Auch Pudel stellt fest, dass Menschen anders essen, als sie sich ernähren sollten (Pudel 2003, S. 123). Er erklärt dies durch die unterschiedliche Wahrnehmung bzw. semantische Bedeutung von Essen und Ernährung. Während Essen als emotionales Erlebnis empfunden wird, wird Ernährung eher mit den kognitiven Inhalten der Ernährungsaufklärung assoziiert (Pudel 2003, S. 124 f.). Informationen über gesunde Ernährung werden zwar aufgenommen, aber nicht dem emotionalen Erlebnis „Essen und Trinken" zugeordnet, sondern als gelernte Inhalte gespeichert und „beiseitegelegt" (Pudel 2003, S. 124).

Ernährung wird also durch ernährungsphysiologische Parameter definiert, während dem Essen individuelle „Essmotive" zugrunde liegen (Pudel 2003, S. 125). Demnach haben laut Pudel gesundheits- und nährstofforientierte Motive keinen hohen Stellenwert für die Lebensmittel- und Speisenwahl (Pudel 2003, S. 126).

Im krassen Gegensatz dazu argumentiert Fields, dass Gesundheit und die Sicherheit von Nahrungsmitteln in der entwickelten Welt eine zunehmend wichtige Stellung einnehmen (Fields 2002, S. 38), was auch in Trends wie „Health Food" oder „Slow Food" zum Ausdruck kommt. Diese Entwicklung ist auch auf ein zunehmendes Körperbewusstsein der Menschen zurückzuführen (Fields 2002, S. 38). Laut Richards (2002) sprechen Frauen stärker auf diesen Trend an als Männer.

Auch viele andere Studien verweisen auf den engen Zusammenhang zwischen Gesundheit und den Ernährungspräferenzen von Menschen (Glanz et al. 1998; Lockie et al. 2004; Mooney und Walbourn 2001; Kim et al. 2009). Glanz et al. (1998) betonen, dass die

Orientierung an einem gesunden Lebensstil überhaupt der wichtigste Faktor in Bezug auf die kulinarischen Grundeinstellungen eines Menschen ist – sowohl in physischer als auch in mentaler Hinsicht. Darüber hinaus haben Studien gezeigt, dass Menschen, die bestimmte Lebensmittel vermeiden bzw. bevorzugen, gleichzeitig über ihr Gewicht, ihre Gesundheit sowie nicht natürliche Zusatzstoffe in den Nahrungsmitteln besorgt sind (Mooney und Walbourn 2001). Es geht also nicht mehr nur um die Nährstoffe, sondern auch um die Qualität der Lebensmittel. Dementsprechend werden die kulinarischen Grundeinstellungen also aus einem Zusammenspiel der Inhalte (Hauptnährstoffe) von Lebensmitteln und der Qualität dieser beeinflusst (Keller und Chanda 2003, S. 116).

Darüber hinaus spielt aus ernährungsphysiologischer Sicht auch die in Abschn. 2.4.1 beschriebene „situationsabhängige" bzw. zeitlich variable Essensaufnahmen eine nicht zu unterschätzende Rolle. War früher die sogenannte „Dreifaltigkeit der Speisen" in der traditionell bürgerlichen Küche bestehend aus Fleisch, Kohlenhydraten und Gemüsebeilage mehr oder weniger fix festgelegt, bestimmt heute vielfach „Snacking" (das Essen kleiner, gehaltvoller und in der Regel preiswerter Mahlzeiten) die Essensaufnahme (Spiekermann 2003, S. 66 ff.) – mit allen positiven und negativen Folgen.

Zusammenfassend gesagt, scheinen Menschen das Thema „gesunde Ernährung" sehr differenziert wahrzunehmen. Die Faktorenanalyse zeichnet folgendes Bild:

Faktor 3: „Ernährungsbewusst"
- Ich habe schon einmal nach einer alternativen Ernährungsform (Vegetarier, Veganer usw.) über einen längeren Zeitraum hinweg gelebt.
- Ich lege großen Wert auf eine möglichst abwechslungsreiche Ernährung.
- Ich esse viel Obst und Gemüse.
- Ich esse möglichst viele Vollkornprodukte.
- Ich ernähre mich möglichst fettarm.
- Ich achte darauf, möglichst wenig Fleisch zu essen.

Stimme *nicht* zu (negativer Zusammenhang):
- Mir macht es nichts aus, beim Essen auch mal zu sündigen.
- Mir macht es nichts aus, auch einmal ungesund zu essen.

Der Faktor „Ernährungsbewusst" bündelt in erster Linie Variablen, bei denen es um einzelne Komponenten wie Fleisch, Vollkornprodukte oder Obst und Gemüse geht. Auch alternative Ernährungsformen sowie eine abwechslungsreiche Ernährung werden in diesem Faktor berücksichtigt.

Gleichzeitig hat die Faktorenanalyse einen leicht negativen Zusammenhang mit den Variablen „auch einmal sündigen" bzw. „auch einmal ungesund zu essen" aufgezeigt, was den Schluss nahelegt, dass bei der Sensibilität für ernährungsbewusstes Verhalten auch gesundheitliche Motive eine Rolle spielen.

Ein weiterer Faktor, der in Bezug auf ernährungsphysiologische und gesundheitliche Überlegungen identifiziert werden konnte, ist „Frische ohne Zusatzstoffe". Dieser bringt insbesondere die Sorge über Inhalte von Lebensmitteln und Zusatzstoffe in Lebensmitteln sowie eine gewisse Skepsis gegenüber Fertigprodukten bzw. eine Präferenz für frische Produkte zum Ausdruck. Ebenso kommt ein negativer Zusammenhang mit dem Besuch von Fast-Food-Restaurants zum Ausdruck, das heißt, diese werden eher vermieden.

Faktor 4: „Frische ohne Zusatzstoffe "
- Ich bevorzuge gewöhnlich frische Lebensmittel gegenüber abgepackten.
- Ich bin besorgt über Qualität und Inhalte der Lebensmittel.
- Ich versuche Produkte mit Zusatzstoffen (z. B. Haltbarmacher, Geschmacksverstärker usw.) möglichst zu vermeiden.
- Ich bin generell skeptisch gegenüber: Fertigprodukten.
- Ich bin generell skeptisch gegenüber: Tiefkühlkost.

Stimme *nicht* zu (negativer Zusammenhang)
- Ich gehe oft in Fast-Food-Restaurants.
- Ich finde es gut, dass die Auswahl an Fertiggerichten immer größer wird.

2.4.4 Der Gedanke der Nachhaltigkeit – regional, saisonal, biologisch und fair

Der Begriff „Nachhaltigkeit" ist in aller Munde – gerade auch im Lebensmittelbereich. Schlagwörter wie „Sehnsucht nach Natürlichkeit", „Naturbelassenheit" oder „Authentizität von Nahrungsmitteln" bringen veränderte Ansprüche an Lebensmittel zum Ausdruck. Angesichts immer neuer Skandale im Lebensmittelbereich scheint es auch nicht weiter verwunderlich, dass Konsumenten immer weniger „Wurst" ist, woraus sich ihre Wurst konkret zusammensetzt.

Allerdings gilt anzumerken – und hier liegt auch die Problematik im Zusammenhang mit Nachhaltigkeit –, dass unter dem Begriff der Nachhaltigkeit alles und nichts verstanden werden kann, wobei der eigentliche Gedanke der Nachhaltigkeit gar nicht so kompliziert zu sein scheint:

▶ **Nachhaltigkeit** Sustainable development meets the needs of the present without compromising the ability of future generations to meet their own needs." Oder zu Deutsch: „Dauerhafte Entwicklung ist Entwicklung, die die Bedürfnisse der Gegenwart befriedigt, ohne zu riskieren, dass künftige Generationen ihre eigenen Bedürfnisse nicht befriedigen können. (Brundtland Report 1987, zit. nach Aachener Stiftung Kathy Beys 2014)

Die nachhaltige Entwicklung ist dabei so auszurichten, dass neben einer Aufrechterhaltung kultureller Integrität und notwendiger ökologischer Prozesse sowie biologischer Diversität auch ökonomischen, sozialen und ästhetischen Ansprüchen Rechnung getragen wird (Bartlett 2007). So weit, so gut. Doch was bedeutet das nun für die kulinarischen Grundeinstellungen?

Zunächst scheint eine weitere Konkretisierung Sinn zu machen. Worum genau geht es, wenn von Nachhaltigkeit in Zusammenhang mit Kulinarik die Rede ist? Grob gesehen können in Bezug auf nachhaltige Lebensmittel bzw. Ernährung die folgenden vier Teilbereiche genannt werden:

- Es geht um regionale Produkte.
- Es geht um saisonale Produkte.
- Es geht um Produkte, die auf biologische Weise produziert wurden.
- Es geht um Produkte, die auf faire Weise produziert wurden.

Produktqualitäten wie die Echtheit der Lebensmittel (Produkte und Speisen mit „Identität"), traditionelle Erzeugnisse aus der Region oder unverfälschte Naturprodukte haben einen wesentlichen Einfluss auf die kulinarischen Grundeinstellungen eines Menschen. Sie spiegeln den Trend zu einer neuen Einfachheit (Eurotoques 2014). Auch Spiekermann (2003, S. 62) argumentiert, dass Einfachheit und regionale Herkunft der Lebensmittel ebenso wie reflektierter Luxus zählen. Dieser Übergang zu neuer „Einfachheit" bezeichnet laut Hohm einen Ausdruck der Nähe zur Natur, Tradition und Ursprünglichkeit (Hohm 2008, S. 80).

Manch einer geht so weit, dass er von einem „Kult um das Essen" spricht. Essen wird so gar zu einem Entscheidungsmerkmal im Unterschied zwischen „Gut" und „Böse". Wir haben es dann nicht mit einem reinen Konsumgut, sondern einem identitätsstiftenden Kulturgut zu tun (Hohm 2008, S. 82). Dabei geht es neben der Produktqualität vor allem um eine umfassende Prozessqualität, welche in Attributen wie „fair" oder „sozial gerecht" ihren Ausdruck findet und häufig in sogenannten „emotionalen Qualitäten" mündet.

Es geht um Produkte, die eine Geschichte erzählen, Produkte, die mit einem Erlebnis verknüpft sind, authentische Produkte, Produkte, die einen besonderen Prestigewert haben, Produkte, die einen bestimmten Lebensstil verkörpern, oder Produkte, die einfach nur sympathisch sind (Spiekermann 2003, S. 77). (An dieser Stelle sei angemerkt, dass die hier genannten Produkt- und Prozessqualitäten selbstverständlich auch auf per definitionem nicht nachhaltige Produkte zutreffen können.)

Zusätzlich verstärkt wird der Trend zu diesen „nachhaltigen" Produkten dadurch, dass sich Menschen gesundheitliche Vorteile aus dem Verzehr derselben versprechen. So erkennen beispielsweise Lockie et al. (2004) einen Zusammenhang zwischen der Bereitschaft, „Bio-Lebensmittel" zu kaufen, und den zu erwartenden gesundheitlichen Auswirkungen.

Zusammenfassend lässt sich sagen, dass der Bereich der „nachhaltigen", also der regionalen, saisonalen, biologischen und fairen Produkte stark auf die kulinarischen Grundeinstellungen zu wirken scheint. Dies ist zum einen auf sehr pragmatische Gründe (ich kenne den Bauern aus dem Nachbarort, Bio-Lebensmittel sind gesünder usw.) zurückzuführen, zum anderen ist es aber auch der relativ starken Emotionalisierung rund um dieses Thema geschuldet.

Die Faktorenanalyse zeigt einen starken Zusammenhang der einzelnen Bereiche der Nachhaltigkeit. Die Attribute „regional", „saisonal", „biologisch" und „fair" wurden in mehreren Fragen abgebildet, jedoch zu einem gemeinsamen Faktor zusammengefasst.

Faktor 5: „Nachhaltigkeit" (regional, saisonal, biologisch und fair)

- Ich versuche auch dann möglichst viele Bio-Lebensmittel zu kaufen, wenn sie teurer sind und es Mühe macht.
- Meine engeren Kollegen und Freunde legen Wert auf Bioprodukte.
- Ich bevorzuge Lebensmittel in Bio-Qualität.
- Wenn möglich, achte ich darauf, hochwertige Lebensmittel zu kaufen.
- Ich kaufe gerne alte, in Vergessenheit geratene Obst-, Gemüse- und Getreidesorten.
- Bei Obst und Gemüse kaufe ich bevorzugt saisonale Produkte.
- Ich bevorzuge Fleisch aus artgerechter Tierhaltung, auch wenn es schwerer zu bekommen ist.
- In meinem Haushalt wird Wert darauf gelegt, Lebensmittel aus der Region zu kaufen, weil dadurch lange Transportwege vermieden werden.
- Ich bevorzuge Eier aus Freilandhaltung, obwohl sie erheblich teurer sind.
- Wenn möglich, bevorzuge ich Lebensmittel, die fair gehandelt wurden.
- Wenn möglich, bevorzuge ich Produkte von kleinen, regionalen Erzeugern.

2.4.5 Die soziokulturelle Dimension – beim Essen kommen die Leut' zam

Wie in den vorangegangenen Kapiteln schon mehrmals erwähnt, geht der Prozess des Essens weit über den rein (physiologischen) Akt der Nahrungsmittelzufuhr hinaus.

Zwar müssen per se alle Menschen essen – ihnen ist das physiologische Grundbedürfnis nach Nahrungsaufnahme gemein. Essen ist aber gleichzeitig Inhalt gemeinsamer Treffen und somit ein Grundstein für das soziologische Gebilde der „gemeinsamen Mahlzeit". Simmel (2009) spricht in diesem Zusammenhang von der „Soziologie der Mahlzeit". Er definiert Essen überhaupt als soziologisches Gebilde, welches fest in die Gesellschaft eingebunden ist. So hatte gemeinsames Essen und Trinken bereits im Mittelalter einen ausgesprochen hohen Stellenwert (Hohm 2008, S. 17), wurde im Laufe der Geschichte jedoch immer mehr ästhetisiert. Werte wie Gastlichkeit und wahres Wohlbefinden rückten immer mehr in den Vordergrund (Hohm 2008, S. 31). Essen hat somit einen klaren kulturellen und gesellschaftlich festgelegten Sinn (Elias 1976, S. 173). Auch heute wird Essen als Möglichkeit wahrgenommen, um mit der Familie und anderen Menschen in Kontakt zu kommen (Kim et al. 2009). Über Essen kann der soziale Status einer Person zum Ausdruck gebracht werden (es geht um Selbstwertgefühl, Wertschätzung und Respekt anderer sowie darum, Aufmerksamkeit auf sich zu lenken) (Mak et al. 2012, S. 932).

So wie sich der Sinn des Essens immer weiter entwickelt, werden auch die kulinarischen Grundeinstellungen eines Menschen im Laufe des Lebens immer wieder neu definiert. Der Mensch sozialisiert sich, gliedert sich in die Gesellschaft ein und erlernt die Werte und Normvorstellungen der jeweiligen Kultur. Diese gesellschaftlichen Normen und Restriktionen, die Zugehörigkeit zu bestimmten sozialen Gruppen sowie die Familie haben einen maßgeblichen Einfluss auf die kulinarischen Grundeinstellungen eines Menschen. Sie definieren, was gegessen wird (Omas Kekse zu Weihnachten), wann gegessen wird (Tageszeit, Jahreszeit, Uhrzeit usw.), aus welchen Anlässen gegessen wird (Festessen, Alltagsessen, Weihnachtsessen usw.) und in welchem Raum gegessen wird (Meffert et al. 2008, S. 133; Pudel 2003, S. 122). Essen wird so zu einem zentralen Baustein der Gesellschaft mit symbolhaftem Charakter in Bezug auf Traditionen und spezielle Anlässe (Fieldhouse 1986).

Nicht ohne Grund ist in diesem Zusammenhang immer wieder von „Esskultur" die Rede. In der Esskultur kommt wiederum das Wertesystem eines Menschen zum Ausdruck (Beispiele hierfür sind Tradition, Moderne, Weiblichkeit, Männlichkeit, Erhabenheit oder Unterlegenheit) (Wood 1995; Mak et al. 2012, S. 932). Somit ist der kulturelle Hintergrund eine der stärksten Einflussgrößen auf unser Essverhalten bzw. unsere kulinarischen Grundeinstellungen (Finkelstein 1998; Chang et al. 2010; Torres 2002; Cohen und Avieli 2004; Pizam und Sussmann 1995; Telfer und Wall 2000, Tse und Crotts 2005; Khan und Hackler 1981; Logue 2004; Hohm 2008).

Die kulturellen Unterschiede manifestieren sich insbesondere in kulturspezifischen Geschmacksvorlieben (Rozin und Rozin 1981). Der kulturelle Hintergrund definiert also, welche Art von Essen als „gut" eingestuft wird und was als „schlecht" angesehen wird. (Mäkelä 2000). Darüber hinaus wird durch den kulturellen Hintergrund eines Menschen festgelegt, welche Art von Essen für ihn von geschmacklicher Seite überhaupt infrage kommt (Prescott et al. 2002). Neben den sensorischen Präferenzen hat auch der religiöse Hintergrund eines Menschen Einfluss auf dessen kulinarische Grundeinstellungen (Khan und Hackler 1981). Hier sind insbesondere das Verbot von bestimmten Lebensmitteln (z. B. Schweinefleisch im Islam), bestimmte Zubereitungsmethoden (z. B. Halal) oder Fastenrituale zu nennen (Fayyaz 2014).

Während auf der einen Seite kulturell bedingte Restriktionen stehen, kann man auf der anderen Seite genau das Gegenteil beobachten: eine zunehmende Vielfalt. Elias sprach in diesem Zusammenhang schon 1976 von einer Tendenz zur Vergrößerung der „Spielarten". Er meinte damit, dass man im Zuge der Informalisierung des Essens schlicht und einfach „mehr darf", was wiederum zu einer stark expandierenden Gastronomie führt, durch dich sich das Essen im öffentlichen Bereich vom Essen im privaten Bereich differenziert (Hohm 2008, S. 33).

Wie oben bereits erwähnt, gewährt der Prozess des Essens viele Einblicke in die Kultur eines Volkes (Was und wie essen die Menschen? Wie wird das Essen zubereitet? Wie schmeckt das Essen? Usw.) (Chang et al. 2010; Kim et al. 2009, S. 424). Kein Wunder also, dass Essen von Touristen häufig als Möglichkeit gesehen wird, um fremde Kulturen besser kennenzulernen und sich Wissen über diese anzueignen sowie authentisch zu reisen (Chang et al. 2010; Kim et al. 2009, S. 426). Ganz allgemein kommt der Wunsch, eine bereiste Kultur authentisch zu erfahren, unter Touristen immer wieder zum Ausdruck (Fields 2002; Kim et al. 2009; Kivela und Johns 2003; Chang et al. 2010). Essen auf Reisen wird dabei als aufregendes Erlebnis und als Möglichkeit, neue und exotische Speisen auszuprobieren, wahrgenommen (Kim et al. 2009, S. 425; Fields 2002). Eine weiterführende Diskussion zum Phänomen des „Culinary Tourism" findet sich in Kap. 4 dieses Buches.

Die Faktorenanalyse hat gezeigt, das Essen offensichtlich stark als Gemeinschaftserlebnis wahrgenommen wird.

Faktor 6: „Essen als Gemeinschaftserlebnis"
- Etwas Neues beim Essen und Trinken auszuprobieren, ist für mich ein aufregendes Erlebnis.
- Essen und Trinken ist ein guter Weg, um etwas über andere Kulturen kennenzulernen.
- Ich nehme Essen und Trinken vor allem als Möglichkeit wahr, um mit anderen Menschen in Kontakt zu sein.
- Zum Essen lade ich sehr gerne Freunde ein.

Zusammenfassend lässt sich festhalten, dass die Einflüsse, welche auf die „kulinarischen Grundeinstellungen" wirken, vielfältig sind.

Wie in Abb. 2.1 ersichtlich, können dabei fünf wesentliche Einflussbereiche unterschieden werden.

Abb. 2.1 Die fünf Dimensionen der kulinarischen Grundeinstellungen. (Eigene Darstellung)

2.5 Typologien von Konsumenten

Nachdem die Faktorenanalyse ein sehr klares Bild ergeben hat, werden in einem nächsten Schritt – basierend auf den sechs Faktoren – Typologien von Konsumenten gebildet. Prinzipiell wird jeder Typ von jedem dieser Faktoren beeinflusst. Der Unterschied liegt jedoch in der Stärke und in der Richtung der Beeinflussung (z. B. kann es eine starke Beeinflussung durch einen Faktor geben, während andere Faktoren die kulinarischen Grundeinstellungen kaum beeinflussen).

Wenn man von Typologien spricht, erklärt man ein Stück weit auch unterschiedliche Lebensstile. Diese Lebensstile – zu englisch auch „lifestyles" – sind typische, täglich praktizierte Verhaltensweisen und Wege, über die die Werte einer Person zum Ausdruck kommen und die somit deren Verhalten bzw. Entscheidungen beeinflussen (Hjalager 2004, S. 197). Schulze setzt den Begriff Lebensstil mit „Lebensauffassungen" gleich, die von einem bzw. meist mehreren Menschen vertreten werden (Schulze 2000, S. 36–37). Kroeber-Riel und Gröppel-Klein sprechen auch von Lebensstilgruppen und definieren Lebensstil als eine *„Kombination von typischen Verhaltensweisen, die eine gesellschaftliche Gruppe oder Untergruppe von einer anderen unterscheidet"* (Kroeber-Riel und Gröppel-Klein 2013, S. 634).

Die Typologien zu den kulinarischen Grundeinstellungen bringen also die (Lebens-) Auffassungen, die eine Gruppe von einer anderen Gruppe in Bezug auf Essen und das Ernährungsverhalten unterscheidet, zum Ausdruck.

Insgesamt konnten acht relevante Typologien von Konsumenten identifiziert werden, welche nun auf den folgenden Seiten näher beschrieben werden.

2.5.1 Die Typologien im Überblick

Eingangs wird ein Überblick über die einzelnen Typologien gegeben (Tab. 2.1). Die detaillierte Beschreibung der einzelnen Typologien erfolgt im Anschluss. Die Beschreibung wird jeweils in die folgenden drei Fragenbereiche untergliedert:

Was? Worum geht es dem jeweiligen „Typ"? Welche Faktoren sind wichtig, welche eher unwichtig?

Wer? Von wem reden wir? Welche soziodemografischen Merkmale weisen die Typologien auf?

Wo? In welchen Betriebsarten sind die jeweiligen „Typen" häufig anzutreffen? Die Frage nach der Besuchshäufigkeit der unterschiedlichen Betriebsarten bezieht sich bei allen Gastrotypen nur auf einheimische Personen.

Im Anhang werden schließlich einige wichtige Charakteristika grafisch aufbereitet dargestellt.

Tab. 2.1 Die acht Typologien im Überblick. (Eigene Darstellung)

	Anteil	Geschlecht		Ø Alter	Herkunft		
	(%)	♂ (%)	♀ (%)		VIE (%)	AT (%)	INT (%)
Gesamte Stichprobe	100	50	50	42	65	18	17
Die Ernährungsbe-wussten	10	40	60	48	62	21	17
Die Verantwor-tungsbewussten	15	62	38	36	78	14	8
Die Frischkocher	10	54	46	45	68	19	12
Die Gleichgültigen	15	48	52	42	70	20	10
Die Vielseitigen	14	41	59	49	57	17	26
Die Genussmenschen	12	64	36	35	65	16	19
Die Geselligen	13	52	48	40	50	16	34
Die Regionalen	10	33	67	47	68	24	8

2.5.2 Typ 1: „Die Ernährungsbewussten"

Was? Gesunde Ernährung spielt für die „Ernährungsbewussten" eine große Rolle. Diese sollte aus hochwertigen Lebensmitteln bestehen, möglichst abwechslungsreich sein und viel Obst und Gemüse beinhalten. Auch der Geschmack und der Genuss der Lebensmittel sowie die Atmosphäre „drumherum" dürfen nicht zu kurz kommen. Es wird auch sehr gerne frisch gekocht. Rund 85 % geben an, zumindest mehrmals in der Woche zu Hause eine Mahlzeit frisch zuzubereiten.

Einmal ungesund zu essen kommt für die „Ernährungsbewussten" eher nicht infrage – Fast-Food-Restaurants werden überhaupt gemieden. Es muss auch nicht immer gemeinsam gegessen werden.

Interessant ist, dass der Faktor „regional, saisonal, biologisch und fair" eine eher untergeordnete Rolle spielt.

Wer? Die „Ernährungsbewussten" sind eher weiblich (60 %) und im Mittel 48 Jahre alt, das heißt im Vergleich zu den anderen Gruppen eher älter. Das Haushaltseinkommen sowie das Ausgabeverhalten für die Außer-Haus-Verpflegung bewegen sich im mittleren Bereich. So geben 21 % das Haushaltseinkommen mit bis zu 1500 € an. Weitere 25 % geben mehr als 3500 € an Haushaltseinkommen an. 57 % geben an, im Haushalt 50 € oder mehr pro Woche für die Verpflegung außer Haus auszugeben. Die Herkunft der „Ernährungsbewussten" zeigt, dass der Anteil an Nicht-Einheimischen mit 17 % ebenfalls im Mittelfeld liegt.

Wo? Sie sind häufig in Restaurants (ein Drittel zumindest einmal in der Woche) und noch öfter in Cafés anzutreffen. 45 % der „Ernährungsbewussten" geben an, zumindest einmal in der Woche in ein Kaffeehaus zu gehen, was im Vergleich zu den andern Typologien noch ein geringer Wert ist. Bei Heurigen hingegen sind die Ernährungsbewussten vergleichsweise selten anzutreffen (rund 70 % sagen seltener als ein- bis zweimal pro Monat).

2.5.3 Typ 2: „Die Verantwortungsbewussten"

Was? Regional, saisonal und biologisch – diese Attribute werden bei den „Verantwortungsbewussten" großgeschrieben. Zusätzliche Mühen werden nicht gescheut – Eier aus Freilandhaltung werden gekauft, obwohl sie erheblich teurer sind, und Fleisch aus artgerechter Tierhaltung wird bevorzugt, auch wenn es schwieriger zu bekommen ist. Gerne wird auch regional und saisonal eingekauft. Auch auf frische Lebensmittel wird viel Wert gelegt.

Bemerkenswert an der Gruppe der „Verantwortungsbewussten" ist der Umstand, dass die Verantwortung sich selbst gegenüber nicht allzu stark ausgeprägt zu sein scheint. Dem Ernährungsbewusstsein wird kaum eine Bedeutung beigemessen. Es wird auch gerne einmal „gesündigt" oder ungesund gegessen.

Auch der Faktor Sensorik und Genuss ist eher schwach ausgeprägt.

Wer? Die „Verantwortungsbewussten" sind eher männlich (62 %) und im Durchschnitt 36 Jahre alt – das heißt, sie gehören definitiv zu den Jüngeren unter den Gastrotypen. Rund 78 % der „Verantwortungsbewussten" kommen aus Wien, nur 8 % von außerhalb Österreichs. Das ist mit Abstand der größte Anteil an Einheimischen unter den Gastrotypen. Für die Außer-Haus-Verpflegung geben rund zwei Drittel 50 € oder mehr pro Woche/Haushalt aus. Rund 90 % der „Verantwortungsbewussten" kochen zumindest mehrmals die Woche zu Hause eine Speise frisch.

Wo? Auch die „Verantwortungsbewussten" sind häufig in Kaffeehäusern anzutreffen. Rund 56 % geben an, zumindest einmal in der Woche in ein Café zu gehen, 31 % gehen sogar mehrmals in der Woche in ein Kaffeehaus. Beim Heurigen sind die „Verantwortungsbewussten" hingegen kaum anzutreffen. Drei Viertel gehen seltener als ein- bis zweimal pro Monat oder gar nicht zum Heurigen. Auch in Restaurants und Gasthäusern wird immer wieder einmal gespeist.

2.5.4 Typ 3: „Die Frischkocher"

Was? Bei den „Frischkochern" ist der Name Programm. Die frische Zubereitung der Speisen ist das A und O. Auch die Lebensmittel, die hinter den Speisen stehen, werden bevorzugt frisch gekauft, und das am besten von kleinen regionalen Erzeugern. So können lange Transportwege vermieden werden und die Lebensmittel sind in erster Linie eines

– frisch. Dass saisonale Produkte bevorzugt werden, versteht sich dabei schon fast von selbst.

Gar nicht gut kommen bei den „Frischkochern" Fertiggerichte an. Auch Fast-Food-Restaurants werden abgelehnt. Ungesundes Essen muss eben nicht sein. Wenngleich bei den „Frischkochern" das Ernährungsbewusstsein nicht übermäßig stark ausgeprägt ist.

Wer? Bei den „Frischkochern" ist weder der Anteil an Männern noch der an Frauen vorherrschend. Sie sind im Mittel 45 Jahre alt und weisen einen bemerkenswert hohen Akademikeranteil auf (54,4 %). Sie verfügen über das mit Abstand größte Haushaltseinkommen. 43 % der Frischkocher können sich über mehr als 3500 € monatliches Haushaltsnettoeinkommen freuen. Die „Frischkocher" geben auch gerne etwas für die Außer-Haus-Verpflegung aus (41 % geben 100 € oder mehr pro Woche/Haushalt aus). Die „Frischkocher" kochen aber auch gerne zu Hause frisch (rund 90 % kochen zumindest mehrmals pro Woche).

Wo? Es wird nicht nur zu Hause gerne frisch gekocht, „Frischkocher" sind auch immer wieder in Restaurants und Wirtshäusern anzutreffen. Rund die Hälfte gibt an, zumindest einmal in der Woche in ein Restaurant zu gehen. Noch lieber wird ins Kaffeehaus gegangen. 65 % geben an, zumindest einmal in der Woche ein Kaffeehaus aufzusuchen. Auch die Frischkocher gehen nicht oft zum Heurigen (70 % seltener als ein- bis zweimal pro Monat).

2.5.5 Typ 4: „Die Gleichgültigen"

Was? In der Gruppe der „Gleichgültigen" darf ruhig auch einmal ungesund gegessen und gesündigt werden. Das Ernährungsbewusstsein ist in dieser Gruppe nicht sehr stark ausgeprägt. Es wird gerne viel Fleisch und fettreich gegessen. Gegenüber Tiefkühlprodukten ist man nicht skeptisch.

Das „ungesunde Essen" wird bevorzugt alleine zu sich genommen. Der Faktor „Essen als Gemeinschaftserlebnis" spielt so gut wie keine Rolle. Essen und Trinken werden nicht als Möglichkeit gesehen, um mit anderen Menschen in Kontakt zu sein. Auch Freunde werden nicht gerne zum Essen eingeladen.

Wer? Auch bei den „Gleichgültigen" sind weder Frauen noch Männer anteilsmäßig in der Überzahl. Die „Gleichgültigen" sind im Mittel 42 Jahre alt, was dem Durchschnittsalter über alle Gastrotypen hinweg entspricht. Auffällig ist, dass die Gruppe der „Gleichgültigen" über das geringste Einkommen verfügt. 57 % haben ein Haushaltseinkommen von maximal 2500 € im Monat zur Verfügung. Dementsprechend unterdurchschnittlich wenig wird für die Außer-Haus-Verpflegung ausgegeben (die Hälfte gibt maximal 50 € in der Woche/pro Haushalt aus). Gleichzeitig kochen 17 % weniger als einmal die Woche zu Hause, was wiederum den Schluss nahelegt, dass zwar außer Haus gegessen wird – jedoch unter entsprechenden budgetären Einschränkungen.

Wo? Die „Gleichgültigen" halten sich vergleichsweise gerne beim Heurigen auf. Ein Drittel gibt an, zumindest ein- bis zweimal Mal pro Monat einen Heurigen zu besuchen. Auch unter den „Gleichgültigen" wird sehr gerne ins Kaffeehaus gegangen (50 % zumindest einmal pro Woche). Ein Viertel der „Gleichgültigen" ist zumindest einmal pro Woche in Restaurants oder Wirtshäusern anzutreffen.

2.5.6   Typ 5: „Die Vielseitigen"

Was? Hochwertiger Geschmack, frische Zubereitung der Speisen, Eier aus Freilandhaltung, viel Obst und Gemüse – den „Vielseitigen" ist Essen wirklich wichtig, und das gleich in mehrerlei Hinsicht. Nahezu alle Faktoren werden als wichtig empfunden.

Die Ernährung sollte möglichst abwechslungsreich sein, es wird bewusst gegessen. Am besten kommen hochwertige Produkte von regionalen Erzeugern auf den Tisch, die in einem entsprechenden Genusserlebnis münden. Zur Not darf es aber auch einmal ein Fertiggericht sein.

Essen und Trinken werden auch als Gemeinschaftserlebnis und als gute Möglichkeit wahrgenommen, um etwas über andere Kulturen zu erfahren.

Einzig mit ungesundem Essen kann der „Vielseitige" nicht viel anfangen. Fast-Food-Restaurants werden gemieden. Auch der Einkauf beim Discounter muss nicht sein.

Wer? Die Gruppe der „Vielseitigen" ist überwiegend weiblich (60 %) und im Mittel 49 Jahre alt. Damit gehören die „Vielseitigen" zu den älteren Gästen unter den unterschiedlichen Gastrotypen. Sie verfügen über ein hohes Haushaltseinkommen (67 % haben zumindest 2500 € oder mehr). Auf der einen Seite wird das verfügbare Geld gerne für die Außer-Haus-Verpflegung ausgegeben (44 % geben über 100 € pro Woche/Haushalt dafür aus, 18 % sogar über 150 €). Auf der anderen Seite geben 91 % an, zumindest mehrmals pro Woche zu Hause zu kochen.

Wo? Den „Vielseitigen" ist Abwechslung nicht nur beim Essen wichtig. Sie sind auch gerne in unterschiedlichen Lokalen unterwegs und das nicht selten. Ganze 56 % sind zumindest einmal in der Woche in einem Restaurant anzutreffen. Wirtshäuser werden auch gerne besucht (40 % zumindest einmal in der Woche). In Kaffeehäusern sind rund 50 % zumindest einmal in der Woche anzutreffen.

2.5.7   Typ 6: „Die Genussmenschen"

Was? Die „Genussmenschen" genießen ihr Essen buchstäblich. Es darf ruhig einmal ungesund sein und gesündigt werden, am besten noch in Gemeinschaft. Gute Getränke sind genauso wichtig wie geschmackvolle Speisen, gerne werden gute Restaurants besucht, schließlich soll beim Essen ja die Atmosphäre „drumherum" stimmen. Die Gruppe der „Genussmenschen" ist aber auch Fast-Food-Restaurants nicht abgeneigt.

Der Wirkung des Essens wird in Summe keine große Bedeutung beigemessen. Man is(s)t weder ernährungsbewusst noch nachhaltig. Fettige Speisen und Fleisch stehen häufig am Speiseplan. Obst und Gemüse oder Vollkornprodukte werden hingegen nur selten verzehrt. Ob die Lebensmittel in Bio-Qualität produziert werden oder von regionalen Erzeugern stammen, spielt kaum eine Rolle.

Wer? Die „Genussmenschen" sind überwiegend männlich (65 %) und im Mittel 35 Jahre alt, also vergleichsweise jung. 35 % der „Genussmenschen" sind keine Einheimischen (19 % kommen von außerhalb Österreichs). Die verfügbaren Haushaltseinkommen der „Genussmenschen" sind ausgeglichen und liegen im Mittelfeld. Für die Verpflegung außer Haus wird dafür umso mehr ausgegeben (zwei Drittel geben 50 € oder mehr pro Woche/ Haushalt aus). Dementsprechend wenig wird zu Hause gekocht. 23 % kochen weniger als einmal in der Woche zu Hause. Die „Genussmenschen" bilden somit im Vergleich zu den anderen Typologien das Schlusslicht, was die Zubereitung von frischen Speisen zu Hause angeht.

Wo? Die „Genussmenschen" halten sich gerne in Restaurants (38 % zumindest einmal die Woche) und in Wirtshäusern (41 % zumindest einmal die Woche) auf. Noch lieber geht man in Kaffeehäuser (zwei Drittel geben an, zumindest einmal in der Woche in ein Kaffeehaus zu gehen.) Auch der Heurige wird von einem Drittel zumindest ein- bis zweimal pro Monat besucht.

2.5.8 Typ 7: „Die Geselligen"

Was? Essen mit Freunden, essen mit der Familie, essen, um mit anderen in Kontakt zu kommen, oder einfach nur essen, um etwas über andere Kulturen zu erfahren – die „Geselligen" legen viel Wert auf das Gemeinschaftserlebnis beim Essen. Neben der Gemeinschaft sind ihnen auch der Genuss beim Essen sowie sensorisch anspruchsvolle Speisen wichtig.
Regionale, saisonale oder Produkte in Bio-Qualität spielen für die „Geselligen" hingegen keine Rolle. Auf eine abwechslungsreiche Ernährung wird zwar geachtet, jedoch ist der Faktor „Ernährungsbewusst" auch nur sehr schwach ausgeprägt.

Wer? Die „Geselligen" sind im Mittel 40 Jahre alt, das heißt, sie liegen bezüglich des Alters im Mittelfeld der Gastrotypen. Das Geschlecht hat keinen Einfluss auf die „Geselligen". Frauen und Männer fallen gleichermaßen in diese Gruppe. Auffallend ist, dass in der Gruppe der „Geselligen" der mit Abstand kleinste Anteil an Einheimischen zu finden ist. Zwar sind noch immer rund 50 % aus Wien, 34 % kommen jedoch von außerhalb Österreichs. Touristen sind in der Gruppe der „Geselligen" also stark vertreten. Diese Tendenz spiegelt sich auch im Ausgabeverhalten bei der Außer-Haus-Verpflegung wider. 61 % geben an, zumindest 50 € in der Woche/Haushalt für Essen außer Haus auszugeben.

Wo? Die „Geselligen" halten sich gerne in Restaurants (40 % zumindest einmal in der Woche) und in Wirtshäusern (34 % zumindest einmal in der Woche) auf. Ungebrochen ist die Beliebtheit von Kaffeehäusern auch bei den „Geselligen". Ganze 68 % geben an, mindestens einmal in der Woche ein Kaffeehaus zu besuchen. Auch der Heurige wird von einem Drittel zumindest ein- bis zweimal pro Monat besucht.

2.5.9 Typ 8: „Die Regionalen"

Was? Die „Regionalen" legen viel Wert auf hochwertige Lebensmittel, die aus der Region kommen. Wenn möglich, werden Produkte von kleinen, regionalen Erzeugern gekauft, auch um lange Transportwege zu vermeiden. Der Faktor „Nachhaltigkeit" ist bei den Regionalen überhaupt stark ausgeprägt. Neben den regionalen Produkten werden Lebensmittel in Bio-Qualität bevorzugt. Natürlich wird auch viel Wert auf saisonale Produkte bei Obst und Gemüse gelegt.

Ganz allgemein sind die „Regionalen" sehr ernährungsbewusst. Es werden viele Vollkornprodukte, viel Obst und Gemüse und wenig Fleisch gegessen. Wenn möglich werden frische Lebensmittel bevorzugt. Produkte mit Zusatzstoffen wie Geschmacksverstärker hingegen werden vermieden.

Die „Regionalen" legen nicht viel Wert auf gemeinsames Essen außer Haus. Diesem Bild entsprechend kochen die „Regionalen" gerne zu Hause (91 % zumindest mehrmals in der Woche).

Wer? Die „Regionalen" sind eher weiblich (66,5 %) und im Mittel 47 Jahre alt, sie gehören somit zu den Ältesten unter den Gastrotypen. Bemerkenswert ist auch der geringe Anteil an Menschen von außerhalb Österreichs. Nur 8 % sind nicht aus Österreich (die Übrigen sind zu 68 % Einheimische und zu 24 % aus dem restlichen Österreich). Auffallend ist, dass die „Regionalen" unterdurchschnittlich wenig für die Außer-Haus-Verpflegung ausgeben (54 % geben maximal 50 € pro Woche/Haushalt aus). Somit sind die „Regionalen" die Sparsamsten unter den Gastrotypen – zumindest, was die Außer-Haus-Verpflegung betrifft.

Wo? Die „Regionalen" sind relativ gesehen nicht allzu umtriebig in der Gastronomie – wohl auch wegen ihrer Präferenz, zu Hause zu kochen. Zwar werden Cafés ähnlich gerne besucht wie von den anderen Gastrotypen. Jedoch gibt nur rund ein Viertel an, zumindest einmal in der Woche ein Restaurant oder ein Gasthaus zu besuchen. Ein Drittel geht im Monat ein- bis zweimal zum Heurigen.

2.5.10 Unterscheidung Einheimischer und Gäste

Eine entscheidende Frage ist, ob sich die kulinarischen Grundeinstellungen zwischen Einheimischen und Gästen unterscheiden. Diese Frage kann ganz klar mit Ja beantwortet wer-

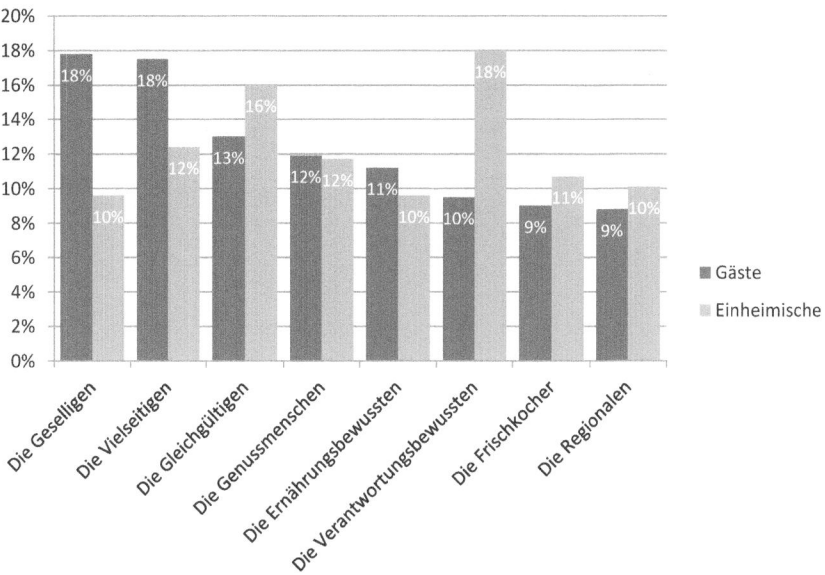

Abb. 2.2 Unterschiede bei den kulinarischen Grundeinstellungen zwischen Einheimischen und Gästen. (Eigene Darstellung)

den. Es gibt einen signifikanten Zusammenhang zwischen den kulinarischen Typologien und dem Herkunftsland.

Abbildung 2.2 zeigt die Analyse der Unterschiede.

Bei den Gästen bzw. Touristen dominieren die „Geselligen" und die „Vielseitigen", während die „Frischkocher" und die „Regionalen" die Schlusslichter bilden. Bei den Einheimischen hingegen sind die „Verantwortungsbewussten" stark in der Überzahl, gefolgt von den „Gleichgültigen".

2.6 Die Wiener Kerngastronomie

Abschließend werden noch die einzelnen Betriebsarten für sich betrachtet und kurz beschrieben.

Für die vorliegende Arbeit wurden aus der an sich sehr umfangreichen Gastroszene (vgl. Kap. 1 in diesem Buch) vier Arten von Betrieben ausgewählt: Restaurants mit Schwerpunkt österreichische Küche, Wirtshäuser, Kaffeehäuser und Heurigen. Sie bilden gemeinsam die „Wiener Kerngastronomie" ab. Unterschieden wurden die Betriebsarten mithilfe der Betriebszuordnung laut Wiener Wirtschaftskammer. Die Auswahl der Betriebe erfolgte zufällig. An dieser Stelle ist anzumerken, dass eine Unterscheidung nicht in allen Fällen zu 100 % möglich ist.

Es kommt immer mehr zu Überlappungen von ehedem relativ strikt getrennten Funktionen (etwa Restaurant, Café, Ausflugslokal oder Bar) (Spiekermann 2003, S. 65). Die „Entrythmisierung" des Tagesablaufs und ein zunehmend situatives Essverhalten führen zudem zu neuen Formen und Institutionen in der Gastronomie und im täglichen Essen, was wiederum die Überlappungen der Funktionen vorantreibt (Spiekermann 2003, S. 66).

Abb. 2.3 Die Gäste der
Wiener Gastronomie nach Herkunft. (Eigene Darstellung)

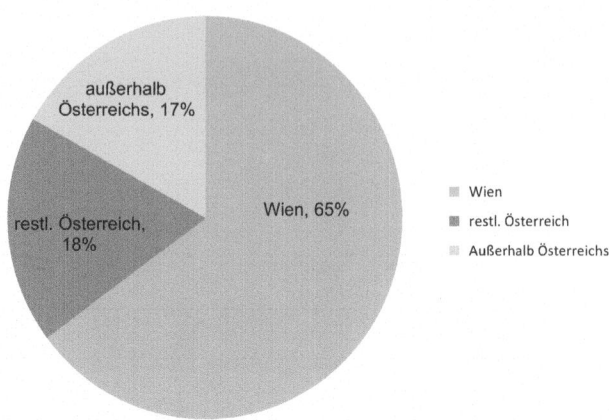

2.6.1 Gesamtstichprobe – die Gastronomie im Überblick

In Summe wurden quer durch alle Betriebsarten 1611 Personen befragt (= Anzahl gültig
ausgefüllter Fragebögen).

Herkunft Wie in Abb. 2.3 ersichtlich, sind unter den Gästen der Wiener Kerngastronomie 65 % Einheimische, sprich: Personen mit ständigem Wohnsitz in Wien. 18 % der
Gäste kommen aus den Bundesländern, 17 % von außerhalb Österreichs.

Alter und Geschlecht Das Durchschnittsalter des Gastes in der Wiener Gastronomie
beträgt 42 Jahre. Die Gäste der Wiener Gastronomie sind zu gleichen Teilen männlich und
weiblich (50,2 % männlich, 49,8 % weiblich).

Verteilung nach Gastrotypen Abbildung 2.4 zeigt, wie die Verteilung der 1611 befragten Personen nach Gastrotypen aussieht.

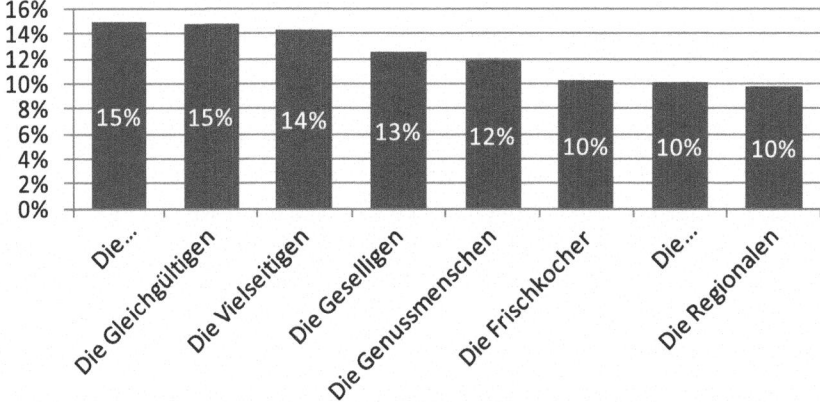

Abb. 2.4 Die Verteilung der Gastrotypen in der Wiener Gastronomie. (Eigene Darstellung)

Tab. 2.2 Beschreibung der Betriebsarten. (Eigene Darstellung)

	Geschlecht		Ø Alter	Herkunft		
	♂ (%)	♀ (%)		VIE (%)	AT (%)	INT (%)
Gesamte Stichprobe	50	50	42	65	18	17
Das Restaurant	56	44	40	70	20	10
Das Gasthaus	51	49	41	69	15	16
Das Kaffeehaus	41	59	39	56	26	18
Der Heurige	55	45	51	66	19	14

Wie in Abb. 2.4 ersichtlich, sind die „Verantwortungsbewussten" zusammen mit den „Gleichgültigen" am häufigsten anzutreffen. Die „Ernährungsbewussten" und die „Regionalen" sind ebenso wie die „Frischkocher" weniger stark vertreten.

Im Folgenden werden nun die einzelnen Betriebsarten näher beschrieben. Zuvor wird in Tab. 2.2 noch ein kurzer Überblick gegeben.

2.6.2 Das Restaurant

Prinzipiell serviert ein Restaurant Getränke und Essen (Jafari 2000, S. 507). Medlik (2003, S. 142) versteht unter Restaurant „an establishment providing food for consumption on the premises to the general public, [...] as a separate unit or as part of a hotel or another establishment." Demzufolge ist ein Restaurant eine Einrichtung, die Speisen in entsprechenden Räumlichkeiten anbietet. Diese Definition greift jedoch zu kurz, da sie keine klare Abgrenzung zu anderen Betriebsarten wie Gasthäusern ermöglicht. Die Wirtschaftskammer Österreich geht einen Schritt weiter und definiert Restaurants folgendermaßen:

▶ **Restaurant** Restaurants sind Gastgewerbebetriebe, die in erster Linie der Einnahme von Mahlzeiten dienen. In der Einrichtung der Betriebsräume, den Auswahlmöglichkeiten unter den angebotenen Speisen und Getränken und der Qualität der angebotenen Leistungen (Service) liegen sie über dem Mindeststandard. Sie sind also auf einen anspruchsvolleren Kundenkreis gerichtet, der auch bereit ist, höhere Preise zu zahlen (Wirtschaftskammer Österreich, S. 1).

Gasthäuser unterscheiden sich von Restaurants insofern, als sie in Bezug auf Ausstattung, Getränke- sowie Speisenangebot nicht den Standard eines Restaurants erreichen (Wirtschaftskammer Österreich, S. 1). Ein Restaurant muss also folgende Merkmale aufweisen, um als solches zu gelten:

• Es muss sich um eine Gaststätte handeln, in der man essen kann;
• die Qualität muss über dem Mindeststandard liegen.

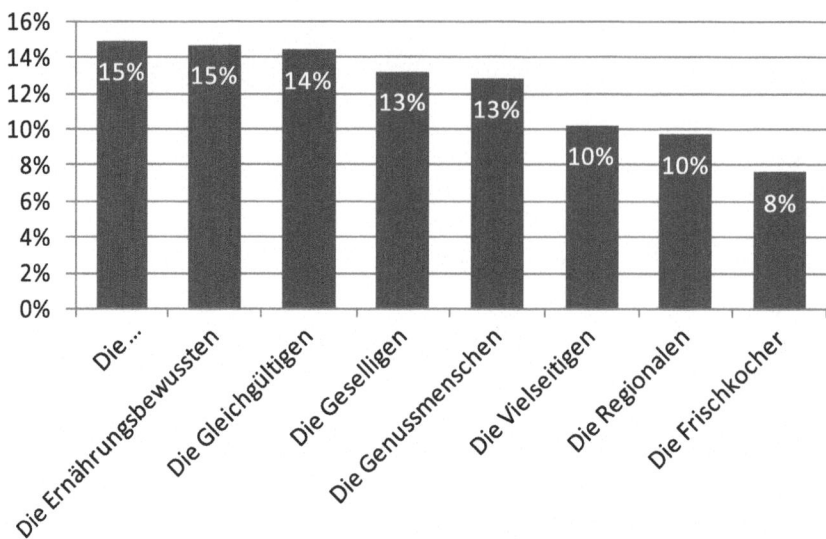

Abb. 2.5 Die Gastrotypen in den Restaurants. (Eigene Darstellung)

Die Unterscheidung ist jedoch auch kritisch zu betrachten, da sie suggeriert, dass Restaurants „besser" sind als Wirtshäuser, was so natürlich nicht behauptet werden kann. Wirtshäuser unterscheiden sich in erster Linie durch das Speisenangebot und das Service von Restaurants, sie haben also schlicht und einfach ein anderes Angebot.

Die Befragung hat folgendes Bild der Restaurantbesucher gezeigt: 56 % der Restaurantbesucher sind männlich, 44 % sind weiblich. Im Durchschnitt ist der Restaurantbesucher 40 Jahre alt. 70 % der Besucher sind Einheimische, sprich: Wiener. Weitere 20 % kommen aus den Bundesländern und 10 % von außerhalb Österreichs.

Abbildung 2.5 zeigt, dass die „Verantwortungsbewussten" und die „Ernährungsbewussten" mit je 15 % der Gäste die stärkste Gruppe in den Restaurants sind. Am unteren Ende stehen die „Vielseitigen" und die „Regionalen" mit je 10 % sowie die „Frischkocher" mit 8 %.

2.6.3 Das Gasthaus

Wie in einem Restaurant werden auch in einem Gasthaus bzw. Wirtshaus Speisen und Getränke in entsprechenden Räumlichkeiten serviert.

Der Rahmen in Gasthäusern ist demnach meist legerer als in Restaurants. Die Unterschiede zu Restaurants haben jedoch keinen Einfluss auf die Qualität der Speisen bzw. des Services.

▶ **Gasthaus** Es handelt sich bei Gasthäusern um Gastgewerbebetriebe, die in erster Linie der Einnahme von Mahlzeiten dienen. Hinsichtlich Ausstattung der Betriebsräume, Umfang und Art des Angebotes an Speisen und Getränken, sowie Art der gesamten Betriebsführung erreichen sie in der Regel nicht den Standard eines Restaurants. (Wirtschaftskammer 2014a)

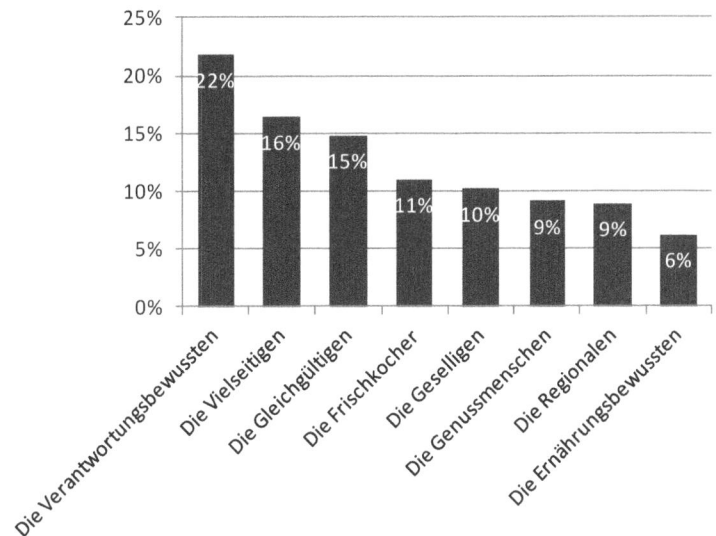

Abb. 2.6 Die Gastrotypen in den Gasthäusern. (Eigene Darstellung)

Die Befragung hat folgendes Bild ergeben: 51 % der Gäste sind männlich, 49 % sind weiblich. Die Gäste sind im Durchschnitt 41 Jahre alt. Ähnlich wie bei den Restaurants sind auch in den Gasthäusern 69 % Einheimische, sprich: Wiener. 15 % der Gäste kommen aus den Bundesländern und weitere 16 % von außerhalb Österreichs.

Abbildung 2.6 zeigt die Verteilung der Gastrotypen in Gasthäusern.

Hier gibt es doch bemerkenswerte Unterschiede zu den Restaurants. An der Spitze stehen zwar auch die „Verantwortungsbewussten", sie machen in den Gasthäusern aber ganze 22 % der Gäste aus. Auf Platz 2 folgen im Gegensatz zu den Restaurants die „Vielseitigen", denen immerhin noch 16 % der Gäste zugeordnet werden.

Sind die „Ernährungsbewussten" bei den Restaurants noch die am stärksten vertretene Gruppe, so liegen diese bei den Gasthäusern abgeschlagen am Ende mit nur 6 % Anteil. Auch die „Regionalen" und die „Genussmenschen" sind in den Gasthäusern mit je 9 % schwächer vertreten als in den Restaurants.

2.6.4 Das Kaffeehaus

Definition der Wirtschaftskammer:

▶ **Kaffeehaus** Gastgewerbebetriebe, deren Charakter durch die Ausstattung der Betriebsräume […] und die Art der Betriebsführung […] bestimmt wird. Der Gast wird dadurch zu längerem Verweilen eingeladen. Im Vordergrund der Tätigkeiten steht der Ausschank von Kaffee, Tee, anderen warmen Getränken und Erfrischungen, während die Verabreichung von Speisen eher in den Hintergrund tritt. (Wirtschaftkammer 2014a)

Kaffeehäuser unterscheiden sich also durch das Angebot und die Einladung zu einer längeren Verweildauer maßgeblich von Restaurants und Gasthäusern. In Wien haben Kaffeehäuser schon eine lange Tradition. 1685 wurde das erste Kaffeehaus in Wien vom damals 30-jährigen armenischen Spion Johannes Deodato in dessen Privatwohnung eröffnet. Dieser erhielt zuvor das erste ausschließliche Privileg, mit türkischem Gut handeln zu dürfen. Somit war der Grundstein für die Wiener Kaffeehauskultur gelegt (Wiener Kaffeehaus 2014). Seit 2011 gilt die Wiener Kaffeehauskultur als immaterielles Weltkulturerbe der UNESCO (Österreichische UNESCO Kommission 2014).

Die Befragung hat gezeigt, dass die Kaffeehäuser überwiegend von Frauen (59 %) besucht werden, während bei allen anderen Betriebsarten die Männer dominieren. Nur 41 % der Kaffeehausbesucher sind männlich. Das Durchschnittsalter des Kaffeehausbesuchers liegt bei 39 Jahren. Auch diesbezüglich unterscheidet sich das Kaffeehaus signifikant von den anderen Betriebsarten – in keiner anderen Kategorie sind die Besucher im Durchschnitt so jung. Das dritte Spezifikum der Kaffeehäuser ist die Herkunft der Gäste. Auch in diesem Punkt gibt es maßgebliche Unterschiede zu den anderen Kategorien. Der Anteil an Einheimischen ist vergleichsweise gering. Nur rund 56 % sind Wiener, 26 % kommen aus den Bundesländern und 18 % von außerhalb Österreichs.

Abbildung 2.7 zeigt die Verteilung der Gastrotypen im Kaffeehaus.

Wie aus der Abbildung ersichtlich, sind die einzelnen Gastrotypen relativ ausgeglichen vertreten. An der Spitze stehen die „Vielseitigen" gefolgt von den „Verantwortungsbewussten". Am wenigsten oft sind die „Ernährungsbewussten" in Kaffeehäusern anzutreffen. Ihr Wert liegt bei 8 % und ist somit ähnlich niedrig wie bei den Gasthäusern.

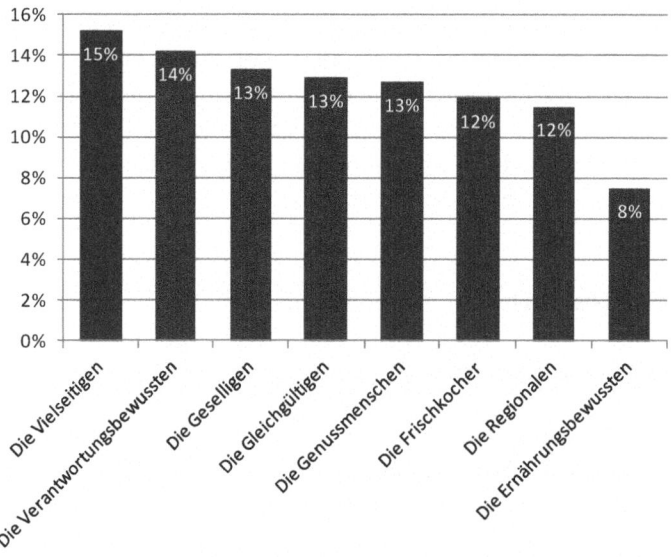

Abb. 2.7 Die Gastrotypen im Kaffeehaus. (Eigene Darstellung)

2.6.5 Der Heurige

Ein Wiener Spezifikum ist der Heurige. Gemeint ist eine gastronomische Einrichtung, wo junger Wein, also der „Heurige", ausgeschenkt wird. Zurückgehend auf ein Gesetz von Kaiser Franz Josef II. hat jeder das Recht, seinen selbst produzierten Wein auszuschenken (Buschenschank.at 2014). Heute ist dieses Recht im Wiener Buschenschankgesetz geregelt (Wiener Buschenschankgesetz 2013).

▶ **Heuriger** Laut Definition der Wirtschaftskammer sind Heurigenbuffets „Gastgewerbebetriebe zur Unterstützung und Abrundung des Angebotes einer landwirtschaftlichen Buschenschank und hinsichtlich ihrer Betriebsfläche ausschließlich auf den Buffetbereich beschränkt". Ein Heurigenbuffet darf nur in Verbindung mit dem Buschenschankbetrieb ausgeübt werden.

Demnach verfügen Heurigenbuffets auch über Verabreichungsbefugnisse von Speisen, die jedoch wie folgt eingeschränkt sind: „Verabreichung von heurigentypischen Speisen und der Verkauf von warmen und angerichteten kalten heurigentypischen Speisen auf Basis der Wiener Küche […] Gastgewerbebetriebe in der Betriebsart eines Heurigenbuffets dürfen keine Menüs anbieten […]" (Wirtschaftskammer Österreich 2014b).
Der Betrieb eines Heurigenbuffets unterliegt also gewissen Beschränkungen, die sich auch auf die Besucher auswirken. Der typische Heurigenbesucher ist 51 Jahre alt, was bedeutet, dass der Heurigenbesucher im Durchschnitt um ganze neun Jahre älter ist als andere Gäste der Wiener Gastronomie. Die Heurigenbesucher sind zu 55 % % männlich und zu 45 % weiblich. Der Anteil an Einheimischen liegt bei 66 %. Weitere 19 % der Besucher kommen aus den Bundesländern und 14 % von außerhalb Österreichs.
Abbildugn 2.8 zeigt die Verteilung der Gastrotypen beim Heurigen.

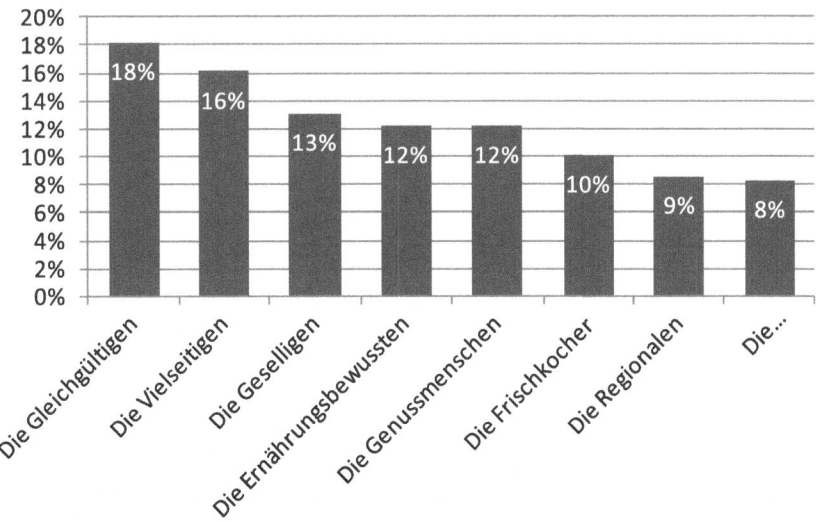

Abb. 2.8 Die Verteilung der Gastrotypen beim Heurigen. (Eigene Darstellung)

Auffällig ist, dass die „Gleichgültigen" mit 18 % an der Spitze stehen. Bei den anderen Betriebsarten liegen diese nur im Mittelfeld. Auf Platz 2 folgen die „Vielseitigen" mit 16 %. Interessanterweise bilden die „Verantwortungsbewussten" beim Heurigen das Schlusslicht. Das ist insofern bemerkenswert, als die „Verantwortungsbewussten" bei den anderen Betriebsarten immer an erster oder zweiter Stelle stehen.

2.7 Und jetzt?

Die kulinarischen Grundeinstellungen sind ein komplexes Konstrukt. Dieses Kapitel nähert sich diesem Konstrukt an und zeigt Zusammenhänge zwischen den einzelnen Einflussgrößen auf. So kann ein Beitrag zu einem umfassenderen Verständnis der „kulinarischen Grundeinstellungen" geleistet werden. Gleichzeitig besteht jedoch noch Forschungsbedarf, um weitere Einflussgrößen bzw. Faktoren, welche auf die „kulinarischen Grundeinstellungen" wirken, zu identifizieren.

Eine weitere Frage, die offen bleibt, ist, inwiefern die kulinarischen Grundeinstellungen das tatsächliche Verhalten der Gäste beeinflussen. Wie bereits eingangs erwähnt wurde, erfolgt die Wahl des Essens mehr und mehr situationsabhängig und ist immer weniger eine konstante Verhaltensweise. „Der Mensch ist, was er isst" wird zu „der Mensch isst das, wo er gerade ist" (Pudel 2003). Oder, in anderen Worten, die jeweiligen grundlegenden Einstellungen führen nicht immer zu einheitlichem Verhalten.

Die Drei-Komponenten-Theorie beschreibt den Zusammenhang zwischen Einstellungen und Verhalten (Kroeber-Riel und Gröppel-Klein 2013, S. 242). Demnach besteht eine Einstellung aus drei Komponenten:

- Die affektive Komponente beschreibt die mit der Einstellung verbundene gefühlsmäßige Einschätzung des Objekts.
- Die kognitive Komponente beinhaltet die mit der Einstellung verbundenen Gedanken (subjektives Wissen) zum Einstellungsobjekt.
- Die konative Komponente bezeichnet eine mit der Einstellung verbundene Handlungstendenz (Verhaltensabsicht, Kaufbereitschaft) (Meffert et al. 2008, S. 122).

Affektive, kognitive und konative Prozesse werden weitgehend aufeinander abgestimmt. Somit wird eine Konsistenz des Fühlens, Denkens und Handelns angestrebt. Es wird also versucht, das Verhalten mit der Einstellung in Einklang zu bringen (wir verhalten uns der Einstellung gemäß) (Kroeber-Riel und Gröppel-Klein 2013, S. 242).

Der Drei-Komponenten-Theorie folgend ist es auch möglich, dass aufgrund eines gesetzten Verhaltens die Einstellung überdacht wird und sich ändern kann, damit die drei Komponenten in sich konsistent bleiben (Trommsdorff und Teichert 2013, S. 130).

In der Literatur wird auch die Meinung vertreten, dass das tatsächliche Verhalten von der Einstellung abweicht (Coop 2009, S. 3) oder abweichen kann (Kuß und Tomczak 2007, S. 54 f.). Das liegt daran, dass die Kaufabsicht (Verhaltensabsicht) außer von Einstellungen auch von Situationsbedingungen abhängig ist (Scheuch 2007, S. 56). Die Einstellung „gutes und gehobenes Essen wird präferiert" führt zum Beispiel nicht notwendigerweise zu dem erwarteten Verhalten „Essen in einem teuren Lokal", weil uns andere Faktoren (z. B. zu wenig Geld) von diesem Verhalten abhalten (Kroeber-Riel und Gröppel-Klein 2013, S. 242). Vor allem aufgrund von sozialem Druck verhalten wir uns oft nicht unserer eigenen Einstellung konform, sondern eher so, wie andere es erwarten (Solomon et al. 1999, S. 138).

Weiterhin kann eine Diskrepanz zwischen Einstellung und Verhalten darauf zurückzuführen sein, dass die Fragen unklar gestellt wurden oder das abgefragte Thema für den Respondenten bzw. die Respondentin von geringer Bedeutung ist, und sein/ihr Handeln daher nicht maßgeblich beeinflusst (Jafari 2000, S. 35). Weitere „Störfaktoren" sind lange Zeitspannen zwischen der Erhebung der Einstellung und der Verhaltenssituation, situative Faktoren (z. B. gewünschtes Produkt ist nicht verfügbar) oder eine positive Einstellung gegenüber mehreren Produkten. Letzteres führt dazu, dass es trotz positiver Einstellung nicht bei jedem Produkt zu einem Kauf (Verhalten) kommt (Kuß und Tomczak 2007, S. 55).

Mak et al. (2012) sehen in Bezug auf das Essverhalten einen möglichen Unterschied zwischen dem, was der Kunde gerne essen möchte, und dem, was er tatsächlich isst. Im Englischen auch als „food liking" bzw. als „food preference" bezeichnet. „Liking" meint das, was der Kunde gerne essen möchte, und „preference" das, was der Kunde tatsächlich isst (Mak et al. 2012).

Es stellt sich also die Frage, wie sich die jeweiligen „kulinarischen Grundeinstellungen" auf das tatsächliche Verhalten auswirken. Hier besteht sicher noch Forschungsbedarf.

Auch eine Erweiterung auf andere Bereiche der Gastronomie könnte spannende Ergebnisse liefern.

2.8 Zusammenfassung und Ausblick

Längst ist Essen nicht mehr nur Mittel zum Zweck. Moderne Ernährung muss unterschiedlichen Ansprüchen gerecht werden. Einer breiten Palette an Kundenansprüchen stehen klare Ziele der Gastronomen gegenüber. Je besser der Gastronom die Einstellungen seiner Kunden kennt, umso eher kann er diese erfüllen.

Die Frage lautet nun, wie diese Einstellungen dem Essen gegenüber konkret aussehen. Welche Faktoren spielen beim Essverhalten eine Rolle und welche grundlegenden Typologien von Konsumenten können daraus abgeleitet werden? Im Zentrum stehen dabei die Unterschiede in den kulinarischen Grundeinstellungen der englisch- und deutschsprachigen Gäste (Touristen und lokale Bevölkerung, 15+) der Wiener „Kerngastronomie" (Gasthäuser, Restaurants, Heurigen, Kaffeehäuser).

Diesen Fragen zu den kulinarischen Grundeinstellungen ist der vorliegende Beitrag nachgegangen und zu folgendem Ergebnis gekommen:

Es können fünf Bereiche, die sich auf die kulinarischen Grundeinstellungen auswirken, identifiziert werden: *Soziodemografischen Faktoren und ökonomische Überlegungen* beeinflussen die kulinarischen Grundeinstellungen maßgeblich. Je nach Alter, Geschlecht, Herkunft usw. können diese völlig unterschiedlich ausgeprägt sein. Die Nahrungsaufnahme ist auch sehr eng mit ernährungsphysiologischen und gesundheitlichen Überlegungen verknüpft. Diese kommen in den Faktoren „ernährungsbewusst" und *„Frische ohne Zusatzstoffe"* zum Ausdruck. Essen passiert in der Regel als „soziales Ereignis". Diese soziale Dimension des Essens wird durch den Faktor *„Essen als Gemeinschaftserlebnis"* abgebildet. Eng verbunden mit der Nahrungsaufnahme sind der Konsum und der Genuss von Lebensmitteln. Die Faktoren *„Genuss, Sensorik und Geschmack"* sowie *„auch einmal preiswert sündigen"* zeigen, dass diesbezügliche Vorstellungen einen Einfluss auf die „kulinarischen Grundeinstellungen" haben. Schließlich ist noch der Bereich „Nachhaltigkeit" zu erwähnen. Durch den Kauf bzw. den Verzehr bestimmter Produkte und Speisen kommt eine gewisse Denkhaltung zum Ausdruck. Diese schlägt sich im Faktor *„regional, saisonal, biologisch und fair"* nieder und wirkt so auf die kulinarischen Grundeinstellungen der Menschen.

Basierend auf diesen Faktoren wurde eine Analyse von Konsumententypologien durchgeführt, bei welcher die folgenden acht Typen von Konsumenten identifiziert werden konnten: Die „Ernährungsbewussten", die „Verantwortungsbewussten", die „Gleichgültigen", die „Vielseitigen", die „Geselligen", die „Genussmenschen", die „Frischkocher", die „Ernährungsbewussten" und die „Regionalen".

Jede dieser Typologien weist unterschiedliche soziodemografische Merkmale auf. So sind beispielsweise die „Genussmenschen" eher männlich (65 %) und im Mittel 35 Jahre alt, also im Vergleich zu den anderen Gruppen jung. Die „Ernährungsbewussten" hingegen sind eher weiblich (60 %) und im Mittel 48 Jahre alt, das heißt im Vergleich zu den anderen Gruppen eher älter.

Auch die jeweiligen Faktoren sind bei den einzelnen Gruppen völlig unterschiedlich stark ausgeprägt. Den „Regionalen" sind beispielsweise regionale Produkte und damit verbunden der gesamte Block an Kriterien der Nachhaltigkeit (saisonal, biologisch und fair) wichtig. Die „Geselligen" hingegen legen kaum einen Wert auf Fragen der Nachhaltigkeit. Ihnen geht es in erster Linie darum, Essen als Gemeinschaftserlebnis zu erfahren.

Die einzelnen Gastrotypen sind auch unterschiedlich oft in den einzelnen Betriebsarten der Wiener „Kerngastronomie", also Restaurants, Gasthäusern, Kaffeehäusern und Heurigen, vertreten. Während in den Restaurants 15 % der Gäste den „Verantwortungsbewussten" und weitere 15 % den „Ernährungsbewussten" zugeordnet werden können, sind bei den Gasthäusern nur 6 % der Gäste den „Ernährungsbewussten" und 22 % den „Verantwortungsbewussten" zuzuordnen.

Die Analyse der kulinarischen Grundeinstellungen und der daraus abgeleiteten Typologien von Konsumenten hat also ein sehr abwechslungsreiches und spannendes Bild ergeben. Wenn es ums Essen geht, spielen eben viele Faktoren eine Rolle, die letztlich einen großen Einfluss auf die kulinarischen Grundeinstellungen eines Menschen haben.

Offen bleibt die Frage nach der „Robustheit" der kulinarischen Grundeinstellungen. Angesichts immer größerer werdender gesellschaftlicher Herausforderungen stellt sich nämlich die Frage, wie sehr diese eine Wohlstandserscheinung sind und ob sich Krisen aller Art (ökonomische Restriktionen, Lebensmittelskandale, Mikroplastik usw.) entsprechend darauf auswirken können. Vielleicht rücken durch solche Krisen gewisse Faktoren plötzlich in den Hintergrund und manche andere gewinnen stärker an Bedeutung. Mit an Sicherheit grenzender Wahrscheinlichkeit kann man jedoch behaupten, dass Essen immer ein Thema bleiben wird, welches die Menschen bewegt und unmittelbar betrifft.

Ein spannendes und allgegenwärtiges Themenfeld, das noch viele offene Fragen mit sich bringt.

2.9   Anhang

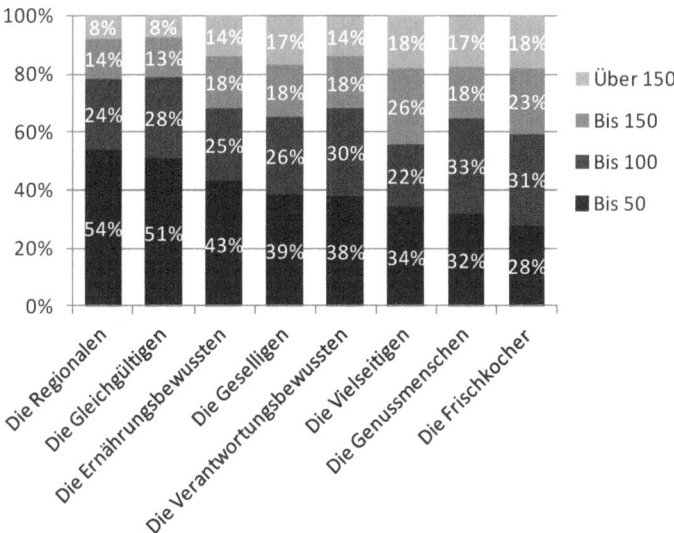

Abb. 2.9 Ausgaben für Verpflegung außer Haus pro Woche und Haushalt. (Eigene Darstellung)

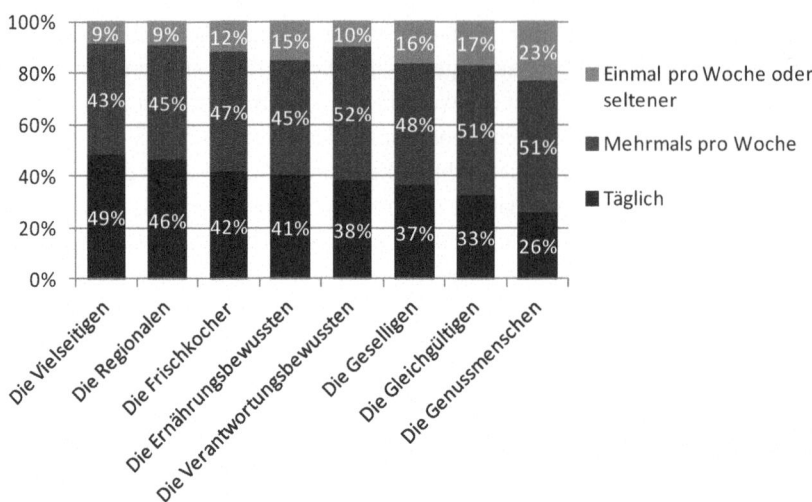

Abb. 2.10 Wie oft wird zuhause frisch gekocht? (Eigene Darstellung)

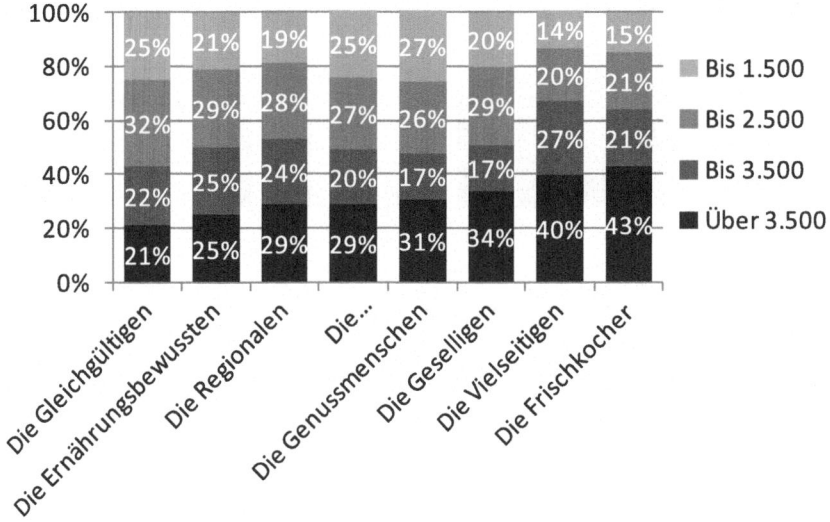

Abb. 2.11 Monatliches Haushaltsnettoeinkommen. (Eigene Darstellung)

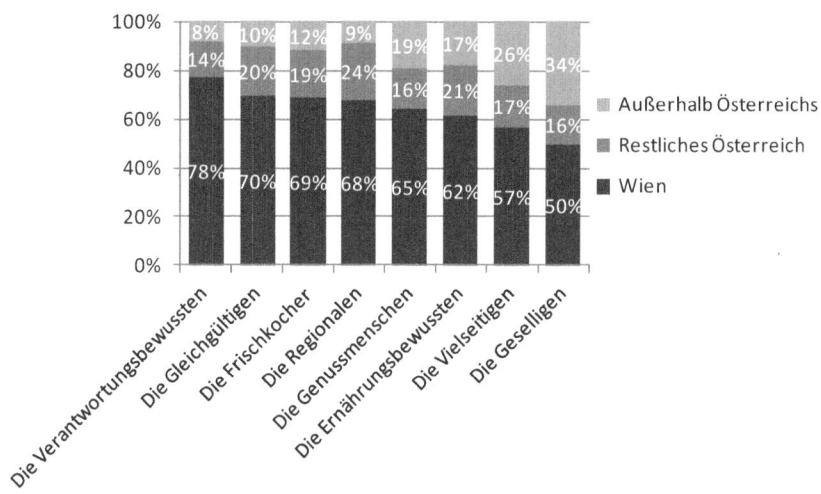

Abb. 2.12 Herkunft der Gastrotypen. (Eigene Darstellung)

Literatur

Aachener Stiftung Kathy Beys (2014) Definition von Nachhaltigkeit. http://www.nachhaltigkeit. info/artikel/definitionen_1382.htm. Zugegriffen: 29. Juli 2014

Bartlett T (2007) Sustainable Practices in developing the tourism industry. Keynote presentation at the World Tourism Conference – tourism success stories and shooting stars. Kuala Lumpur

Benkenstein M, Uhrich S (2009) Strategisches Marketing – Ein wettbewerbsorientierter Ansatz, 3. Aufl. Stuttgart

Brillat-Savarin JA (1826) Physiologie du Gout ou Meditations de Gastronomie Transcendate. Garnier Frères, Paris

Bühl A (2010) PASW 18. Einführung in die moderne Datenanalyse. Pearson, München

Buschenschank.at (2014) Buschenschank. http://www.buschenschank.at/page/79-Buschenschank-Geschichte. Zugegriffen: 15. Juli 2014

Chang RCY, Kivela J, Mak AHN (2010) Food preferences of Chinese tourists. Ann Tour Res 34:989–1011. doi:10.1016/j.annals.2010.03.007

Cohen E, Avieli N (2004) Food in tourism: attraction and impediment. Ann Tour Res 31(4):755–778. doi:10.1016/j.annals.2004.02.003

Coop (Hrsg.) (2009) Ess-Trends im Fokus – gesund Essen: Einstellungen, Wissen und Verhalten. http://www.coop.ch/pb/site/common/get/documents/system/elements/gesundessen/pdf/fokus/Studienbericht_I_d.pdf. Zugegriffen: 12. Nov 2013

Elias N (1976) Über den Prozess der Zivilisation, Bd 1. Suhrkamp, Frankfurt a. M.

Eurotoques (2014) Philosophie. http://www.eurotoques.org/index.php?id=76. Zugegriffen: 29. Juli 2014

Fayyaz (2014) Fragen an den Islam. http://www.fragenandenislam.com. Zugegriffen: 22. Juli 2014

Fieldhouse P (1986) Food and nutrition: customs and culture. Croom Helm, New Hampshire

Fields K (2002) Demand for the gastronomy tourism product: motivational factors. In: Hjalager M, Richards G (Hrsg) Tourism and gastronomy. Routledge, London, S 37–50

Finkelstein J (1998) Dining out: the hyperreality of appetite. In: Scapp R, Seitz B (Hrsg) Eating culture. State University of New York Press, Albany, S 201–215

Flynn J, Slovic P, Mertz CK (1994) Gender, race and perception of environmental health risks. Risk Analyse 14(6):1101–1108

Furst T, Connors M, Bisogni CA, Sobal J, Falk LW (1996) Food choice: a conceptual model of the process. Appetite 26:247–266

Gains N, (1994) The repertory grid approach. In: MacFie HJH, Thomson DMH (Hrsg.) Measurement of Food Preferences. Blackie Academic and Professional, London, S 51–76

Glanz K, Basil M, Maibach E, Goldberg J, Snyder D (1998) Why Americans eat what they do. J Am Diet Assoc 98(10):1118–1126

Harris M (1995) Wohlgeschmack und Widerwillen. Die Rätsel der Nahrungstabus. DTV, München

Hjalager A (2004) What do tourists eat and why? Towards a sociology of gastronomy and tourism. Tourism 52(2):195–201

Hohm C (2008) Essen und Trinken im Bedeutungswandel. Verlag Dr Müller, Saarbrücken

Jafari J (Hrsg) (2000) Encyclopedia of tourism. Taylor & Francis Group, London

Keller U, Chanda, R (2003) Einfluss der Ernährung auf die Gesundheit in der Schweiz. In: Escher F, Buddeberg C (Hrsg) Essen und Trinken zwischen Ernährung, Kult und Kultur. vdf Hochschulvlg, Zürich, S 111–120

Khan M, Hackler L (1981) Evaluation of food selection patterns and preferences. Crit Rev Food Sci Nutr 15:129–153. doi:10.1080/10408398109527314

Kim Y, Eves A, Scarles C (2009) Building a model of local food consumption on trips and holidays: A grounded theory approach. Int J Hosp Manage 28:423–431. doi:10.1016/j.ijhm.2008.11.005

Kivela J, Johns N (2003) Restaurants, gastronomy and tourists: a novel method for investigating tourists dining out experiences. J Tour 51(1):3–19

Kroeber-Riel W, Gröppel-Klein A (2013) Konsumentenverhalten, 10. Aufl. Vahlen, München

Kuß A, Tomczak, T (2007) Käuferverhalten - eine marketingorientierte Einführung, 4. Aufl. UTB, Stuttgart

Lockie S, Lyons K, Lawrence G, Grice J (2004) Choosing organics: a path analysis of factors underlying the selection of organic food among Australian consumers. Appetite 43:135–146. doi:10.1016/j.appet.2004.02.004

Logue A (2004) The psychology of eating and drinking, 3. Aufl. Brunner-Routledge, New York

Mäkelä J (2000) Cultural definitions of the meal. In: Meiselman H (Hrsg) Dimensions of the meal: the science, culture, business and art of eating. Aspen Publication, Gaithersburg, S 7–18

Mak AHN, Lumbers M, Eves A, Chang RCY (2012) Factors influencing tourist food consumption. IJHM 31:928-936. doi:10.1016/j.ijhm.2011.10.012

Medlik S (2003) Dictionary of Travel, Tourism & Hospitality. Oxford, Burlington

Meffert H, Burmann Ch, Kirchgeorg M (2008) Marketing – Grundlagen marktorientierter Unternehmensführung, 10. Aufl. Gabler, Wiesbaden

Meiselman HL, Mastroianni G, Buller M, Edwards J (1999) Longitudinal measurement of three eating behavior scales during a period of change. Food quality and preference 10:1–8

Meiselman H, Johnson J, Reeve W, Crouch J (2000) Demonstrations of the influence of the eating environment on food acceptance. Appetite 35:231–237. doi:10.1006/appe.2000.0360

Mooney K, Walbourn L (2001) When college students reject food: not just a matter of taste. Appetite 36:41–50. doi:10.1006/appe.2000.0384

Nestlé (Hrsg) (2011) So is(s)t Deutschland. Ein Spiegel der Gesellschaft. Deutscher Fachverlag GmbH, Frankfurt a. M.

Österreichische UNESCO-Kommission (2014) Verzeichnis des immateriellen Kulturerbes in Österreich. http://immaterielleskulturerbe.unesco.at/cgi-bin/unesco/element.pl?eid=71. Zugegriffen: 15. Juli 2014

Pizam A, Sussmann S (1995) Does nationality affect tourist behaviour? Ann Tour Res 22(4):901–917

Prescott J, Young O, O'Neill L, Yau N, Stevens R (2002) Motives for food choice: a comparison of consumers from Japan, Taiwan, Malaysia and New Zealand. Food Qual Prefer 13:489–495. doi:10.1016/S0950-3293(02)00010-1

Pudel V (2003) Psychologie des Essens. In: Escher F, Buddeberg C (Hrsg) Essen und Trinken zwischen Ernährung, Kult und Kultur. vdf Hochschulvlg, Zürich, S 121–138

Randall E, Sanjur D (1981) Food preferences: their conceptualisation and relationship to consumption. Ecol Food Nutr 11(3):151–161. doi:10.1080/03670244.1981.9990671

Rath C (1984) Reste der Tafelrunde. Das Abenteuer der Esskultur. Rowohlt, Hamburg

Richards G (2002) Gastronomy: an essential ingredient in tourism production and consumption? In: Hjalager M, Richards G (Hrsg) Tourism and gastronomy. Routledge, London, S 37–50

Riley M (1994) Marketing eating out: the influence of social culture and innovation. British Food Journal 96(10):15–18

Rozin E, Rozin P (1981) Culinary themes and variations. Nat Hist 90(2):6–14

Scheuch F (2007) Marketing, 6.Aufl. Vahlen, München

Schneider C (2009) Erfolgsfaktoren in kleinen Dienstleistungsunternehmen. Gabler, Wiesbaden

Schulze G (2000) Die Erlebnisgesellschaft. Kultursoziologie der Gegenwart. Campus, Frankfurt a. M.

Simmel G (2009) Soziologie der Mahlzeit. In: Lichtenblau K (Hrsg) Soziologische Ästhetik. Verlag für Sozialwissenschaften, Wiesbaden, S155–162

Solomon M, Bamossy G, Askegaard S (1999) Consumer Behaviour – a european perspective. Prentice Hall, Essex

Spiekermann U (2003) Demokratisierung der guten Sitten? Essen als Kult und Gastro-Erlebnis. In: Escher F, Buddeberg C (Hrsg) Essen und Trinken zwischen Ernährung, Kult und Kultur. vdf Hochschulvlg, Zürich, S 53–84

Swarbrooke J, Horner S (2007) Consumer behaviour in tourism, 2. Aufl. Routledge, Oxford

Telfer D, Wall G (2000) Strengthening backward economic linkages: Local food purchasing by three Indonesian hotels. Tour Geogr 2(4):421–447

Torres R (2002) Toward a better understanding of tourism and agriculture linkages in the Yucatan: Tourist food consumption and preferences. Tour Geogr 4(3):282–306

Trommsdorff V, Teichert T (2011) Konsumentenverhalten, 8. Aufl. Kohlhammer, Stuttgart

Tse P, Crotts J (2005) Antecedents of novelty seeking: international visistors' propensity to experiment across Hong Kong's culinary traditions. Tour Manage 26(6):965–968. doi:10.1016/j.tourman.2004.07.002

Valli C, Traill B (2005) Culture and food: a model of yoghurt consumption in the EU. Food quality and preference 16:291–304

Wadolowska L, Babicz-Zielinska E, Czarnocinska J, (2008) Food choice models and their relation with food preferences and eating frequency in the Polish population. Food Policy 33(2):122–134. doi:10.1016/j.foodpol.2007.08.001

Wermke M, Kunkel-Razum K, Scholze-Stubenrecht W (Hrsg) (2007) Duden Fremdwörterbuch, 9. Aufl. Bibliographisches Institut, Mannheim

Wiener Buschenschankgesetz (2013) Landesrecht Wien: Gesamte Rechtsvorschrift für Wiener Buschenschankgesetz, Fassung vom 24.10.2013. http://www.ris.bka.gv.at/GeltendeFassung. wxe?Abfrage=LrW&Gesetzesnummer=20000297. Zugegriffen: 5. Aug 2014

Wiener Kaffeehaus (2012) Kaffeehaus-Geschichte – Einst und Heute. http://www.wiener-kaffeehaus.at/geschichte.aspx. Zugegriffen: 1. Juli 2014

Wirtschaftskammer Österreich (2014a) Infoblatt Gastgewerbe und Betriebsarten. https://www. wko.at/Content.Node/branchen/noe/Gastronomie/Gastgewerbe___Betriebsarten_2014.pdf. Zugegriffen: 1. Juli 2014

Wirtschaftskammer Österreich (2014b) Betriebsarten. https://www.wko.at/Content.Node/branchen/w/Gastronomie/homepage_betriebsarten.pdf. Zugegriffen: 15. Juli 2014

Wood R (1995) The sociology of the meal. Edinburgh University Press, Edinburgh

Yüksel A, Yüksel F (2003) Measurement of tourist satisfaction with restaurant services. J Vacat Mark 9(1):52–68. doi:10.1177/135676670200900104

Veränderungsprozesse in der Gemeinschaftsverpflegung unter besonderer Berücksichtigung der Umsetzung nachhaltiger Speisepläne

3

Klaus-Peter Fritz und Christoph Pachucki

Das Ziel des Projektes „UMBESA" ist die Umsetzung nachhaltiger Speisepläne und ein verstärkter Einsatz von biologischen, regionalen und saisonalen Lebensmitteln sowie frisch zubereiteten Speisen in Betriebsküchen. Rezepte, Portionsgrößen und der Fleischeinsatz sollen optimiert werden.

Doch die Angebotsgestaltung gehört zu den schwierigsten Managementaufgaben in der Gastronomie (Schaetzing 2009, S. 99). Um Veränderungsprozesse in der Gemeinschaftsverpflegung erfolgreich gestalten zu können, ist es daher wichtig, dass Anbieter ihre Zielgruppe kennen und klar definieren. Informationen zum Status quo, zur Zufriedenheit mit dem Angebot, zum Ernährungsverhalten sowie zu den Bedürfnissen und Wünschen der Kunden sind eine zentrale Entscheidungsgrundlage. Kundenorientierung und zielgruppengerechte Angebotsgestaltung gelten als Grundvoraussetzung für Erfolg (Kerth et al. 2011, S. 133; Diller 2007, S. 66). Nur wenn die Bedürfnisse und Charakteristika der Zielgruppe in Maßnahmen integriert und diese systematisch kontrolliert werden, können nachhaltige Veränderungen der Speisepläne und eine Steigerung der Kundenzufriedenheit erreicht werden.

Obwohl Nachhaltigkeit und alternative Angebotskonzepte in der Freizeitgastronomie als Trends gelten, gibt es kaum empirische Untersuchungen zur Relevanz von Nachhaltigkeit in der Gemeinschaftsverpflegung. Es kann vermutet werden, dass die Zufriedenheit der Konsumenten durch das Angebot biologischer, regionaler und saisonaler Speisen gesteigert werden kann. Wenn Österreicher in ihrer Freizeit zunehmend nachhaltige Lebens-

K.-P. Fritz (✉) · C. Pachucki
Wien, Österreich
E-Mail: klaus.fritz@fh-wien.ac.at

C. Pachucki
E-Mail: christoph.pachucki@fh-wien.ac.at

© Springer Fachmedien Wiesbaden 2015
K.-P. Fritz, D. Wagner (Hrsg.), *Forschungsfeld Gastronomie,*
Forschung und Praxis an der FHWien der WKW, DOI 10.1007/978-3-658-05195-2_3

mittel konsumieren, warum dann nicht auch in der Mittagspause im Betriebsrestaurant? Dies gilt es zu untersuchen. Doch Speisepläne unterliegen in der Gemeinschaftsverpflegung einer langfristigen und genauen Planung, daher müssen auch Veränderungen systematisch vorgenommen werden.

Dieser Beitrag beschäftigt sich mit Veränderungsprozessen in der Gemeinschaftsverpflegung unter besonderer Berücksichtigung der Umsetzung nachhaltiger Speisepläne. Im ersten Teil des Beitrags werden ausgewählte Leuchtturmprojekte als „Best-Practice-Beispiele" analysiert und beschrieben.

Parallel dazu werden im zweiten Teil des Beitrags Veränderungsprozesse in Partnerküchen des Projekts beschrieben.

3.1   Analyse von Leuchtturmprojekten

3.1.1   Ausgangslage, Zielsetzung

Um besser zu verstehen, wie Veränderungen in Großküchen erfolgreich gestaltet werden können, werden herausragende Leuchtturmprojekte analysiert. Das Ziel ist, die Ausgangslage und Rahmenbedingungen sowie die Erfolgsfaktoren der jeweiligen Projekte zu erfassen und vergleichbar zu beschreiben.

3.1.2   Methodik und Vorgehensweise

Um eine möglichst breite Basis für Erkenntnisse zu schaffen, wurden vier Projekte mit unterschiedlichen Merkmalen ausgewählt – entsprechend den Kriterien des Projekts „UMBESA" sollen entweder der Anteil an biologischen, regionalen und saisonalen oder frisch zubereiteten Speisen hoch oder der Fleischeinsatz möglichst gering sein.

Nachdem die Projekte ausgewählt waren, wurden Interviews mit den jeweils Verantwortlichen durchgeführt. Pro Projekt war ein halbstandardisiertes Tiefeninterview vorgesehen. Die so geführten Interviews wurden aufgezeichnet und transkribiert. Danach wurden die Interviews nach der zusammenfassenden Inhaltsanalyse laut Mayring (2010) ausgewertet und reduziert. Anschließend wurden die Interviews anhand des 8-Stufen-Modells für „Leading Change" von Kotter (1996) analysiert. Bei der Analyse wurden insbesondere die *Rahmenbedingungen*, unter denen das Projekt realisiert wurde, sowie die *Erfolgsfaktoren*, welche zum Gelingen des jeweiligen Projektes beigetragen haben, berücksichtigt. Daraus konnten in einem weiteren Schritt *Handlungsfelder* definiert und abgeleitet werden.

Durch die standardisierte Vorgehensweise, insbesondere die Bildung von Paraphrasen und die Kategorisierung der Antworten, war gewährleistet, dass die einzelnen Projekte miteinander verglichen werden konnten (Mayring 2010).

3.1.3 Die Interviews

Wie bereits erwähnt, wurden insgesamt vier Interviews geführt und ausgewertet. Neben der Erhebung der allgemeinen Daten zum Betrieb wurden die folgenden 20 Fragen zu den Veränderungsprozessen gestellt:

1. Was war der Ausgangspunkt? Woher kam die Idee?
2. Wurde die Veränderung aufgrund eines bestehenden Problems angestrebt?
3. Wer trug die Verantwortung? Gab es eine Gruppe von Verantwortlichen oder handelte es sich um eine „Ein-Mann-Idee"?
4. Gab es ein systematisches Projektmanagement?
5. Gab es eine umfassende Strategie, eine Vision?
6. Wie erfolgte die Kommunikation?
7. Welche Rolle hatten die Mitarbeiter?
8. Welche Rolle hatten die Kunden, die Lieferanten, die Eigentümer?
9. Was waren die ersten Erfolge?
10. Gab es Schwierigkeiten und Rückschläge? Wie wurden diese überwunden?
11. Welche Rolle spielt spezifisches Know-how für das Projekt?
12. Woher kam das Know-how?
13. Was sind für Ihr Unternehmen die Erfolgsfaktoren des Projekts?
14. Was waren fördernde Kräfte für dieses Projekt?
15. Was waren hindernde Kräfte für dieses Projekt?
16. Bitte schätzen Sie den Nutzen dieses Projekts in ökologischer, ökonomischer und ernährungsphysiologischer Sicht ein.
17. Wie steht es heute um dieses Projekt?
18. Wird das Projekt von einer breiten Basis getragen oder hängt das Projekt sehr stark an einer Persönlichkeit?
19. Wie sehr ist das Projekt in der Unternehmenskultur verankert?
20. Was hat sich seit Projektbeginn für das Unternehmen verändert? Gibt es Berichte, Präsentationen (Power-Point-Folien) oder Publikationen zum Projekt?

3.1.4 Die Leuchtturmprojekte

Die Projekte werden im folgenden Abschnitt kurz beschrieben. Drei Projekte werden direkt auf einer betrieblichen Ebene analysiert. Den Zielen des Projektes „UMBESA" entsprechend wird darüber hinaus ein Projekt auf überbetrieblicher Ebene analysiert.

Um eine bessere Unterscheidbarkeit der einzelnen Projekte zu gewährleisten, werden diese jeweils mit einem Buchstaben markiert.

Projekt 1 (A) Erfolg: 30 Standorte als Frischküchen

Beim ersten Projekt handelt es sich um einen gemeinnützigen privatrechtlichen Fonds, welcher für 30 Pensionistenheime zuständig ist. Es werden 9000 bis 9500 Personen fünfmal täglich an 365 Tagen im Jahr mit Frühstück, Vormittagsjause, Mittagessen, Nachmittagsjause, Abendessen sowie mit Tee, Kakao, Kaffee und Säften verpflegt. Die rund 30 Standorte werden jeweils als Frischküchen betrieben.

Die Vision dahinter lautet Ökologie, Nachhaltigkeit und Bevorzugung einheimischer Lebensmittel. In den Jahren 2008 bis 2011 konnte der Wareneinsatz (Lebensmittelquote) von 3,68 auf 3,42 € reduziert werden. Gleichzeitig wurde die Bio-Quote (= der Anteil biologischer Lebensmittel am gesamten Lebensmitteleinsatz) von 17,89 % auf rund 30 % erhöht.

Projekt 2 (B) Erfolg: Bio-Quote von 67 % insgesamt bzw. von 100 % bei Rind-, Schweine- und Kalbfleisch sowie Wurst- und Selchwaren

Beim zweiten Projekt handelt es sich um eine Landhausküche, welche in erster Linie Landesbedienstete verpflegt. Im Schnitt sind das 1500 Gäste pro Tag. Gekocht wird von Montag bis Freitag 52 Wochen im Jahr.

Die Küche setzt sehr stark auf biologische, saisonale und regionale Lebensmittel. So belief sich die Bio-Quote im Jahr 2011 auf 67 %. Rindfleisch, Schweinefleisch, Kalbfleisch, Wurstwaren sowie Selchwaren werden zu 100 % biologisch ausgeschrieben. Bereits 1989 wurde mit Bio-Erdäpfeln das erste biologische Produkt eingesetzt.

Projekt 3 (C) Beim dritten Projekt handelt sich um ein überbetriebliches Forschungsprojekt (Laufzeit 2007 bis 2010), welches es sich zum Ziel gesetzt hat, Bio-Lebensmittel in Schulen und anderen öffentlichen Institutionen für junge Menschen (Kasernen, „Daycare"-Einrichtungen usw.) anzubieten sowie ihre Ernährung zu verbessern. Ein grundlegendes Ziel war es auch, generell zu einem erhöhten Konsum von Bio-Lebensmitteln in Europa beizutragen.

Das Projekt diente dazu, die Bedeutung biologischer Produkte in Kantinen sowie die Bedeutung einer besseren Ernährung hervorzuheben. Diese Erkenntnisse bildeten die Grundlage für die praktische Umsetzung in Zusammenarbeit mit mehreren Kantinen.

In den ersten zwei Jahren des Projekts erreichte eine teilnehmende Kantine einen Bio-Anteil von 30 %, zum Ende des Projektes waren es bereits 50 %. Innerhalb von sieben Jahren nach Projektanfang entstand eine Kantine, welche nun 75.000 Mahlzeiten pro Tag vorbereitet und zu 70 % organische Produkte einsetzt.

Projekt 4 (D) Erfolg: Bio-Quote von 60 %, Anteil an frischer Ware über 80 %, Anteil regionaler und saisonaler Produkte ca. 70 %

Beim vierten Projekt handelt es sich um die Betriebsküche der Zentrale eines Modeunternehmens.

Pro Jahr speisen insgesamt etwa 225.000 Mitarbeiter, Kunden sowie Gäste im Betriebsrestaurant. Jährlich gibt es 248 Verpflegungstage, an denen täglich etwa 850 Portionen ausgegeben werden. Die Zielgruppe sind besonders junge Mitarbeiter.

3.1.5 Die Ergebnisse

Im folgenden Abschnitt werden die wichtigsten Aussagen der Interviews in Anlehnung an Kotters 8-Stufen-Prozess (1996) für einen erfolgreichen Wandel ausgewertet und interpretiert. Dazu wird zunächst die jeweilige Stufe kurz beschrieben, bevor die wichtigsten Ergebnisse der Interviews erläutert werden. Abschließend werden aus den Ergebnissen Erfolgsfaktoren sowie mögliche Handlungsfelder für zukünftige Projekte abgeleitet.

Der 8-Stufen-Prozess für einen erfolgreichen Wandel Ausgehend von der Erkenntnis, dass ein tiefgreifender Veränderungsprozess an einer langen Liste von Gründen scheitern kann, definierte Kotter acht notwendige Schritte für einen erfolgreichen Wandel (Kotter 1996, S. 18). Da bei der Umstellung auf nachhaltigere Speisepläne durchaus von einem umfangreichen Wandlungsprozess auszugehen ist, werden die ausgewählten Projekte diesbezüglich analysiert.

3.1.5.1 Stufe 1: Ein Gefühl der Dringlichkeit erzeugen

In einem ersten Schritt geht es laut Kotter (1996) darum, einerseits der Realität ins Auge zu schauen und andererseits ein breites Problembewusstsein unter den beteiligten Personen zu schaffen. Dazu zählen eine Untersuchung der Markt- und Wettbewerbssituation sowie eine frühzeitige Identifizierung von Krisen, möglichen Krisen, aber auch von grundlegenden Chancen.

Merkmale der Stufe 1:

- Analyse der Markt- und Wettbewerbssituation/Ausgangslage
- Frühzeitige Identifizierung von Krisen und möglichen Krisen
- Identifizierung von Chancen

Die Projekte Die Ausgangslage der einzelnen Projekte ist unterschiedlich. So kann der Anstoß zur Veränderung sowohl von oben als auch von innerhalb der Organisation kommen. Um eine bessere Unterscheidbarkeit der einzelnen Projekte zu gewährleisten, werden diese jeweils mit einem Buchstaben markiert (siehe dazu auch Abschn. 3.1.4).

Beispiel

A: Der Auftrag zur Veränderung ist von oben gekommen.
B: Die anfangs nur wirtschaftliche Verantwortung wurde auf ökologische und soziale Verantwortung ausgeweitet (vom Küchenchef persönlich).

Auffällig ist, dass grundsätzliche Veränderungen wie Übersiedelungen oder Neustrukturierungen der Unternehmen eine gute Gelegenheit bieten, um im Küchenbereich etwas zu verändern.

> **Beispiel**
>
> A: Es gab einen grundsätzlichen Auftrag zur Restrukturierung, im Zuge dessen auch die Idee von mehr Bio umgesetzt wurde.
>
> B: Im Rahmen einer Übersiedelung wurde das Projekt neu gestartet.

Ebenso können äußere Einflüsse Treiber für Veränderungen im Küchenbereich sein. Beispiele hierfür sind die oft schlechte Qualität konventioneller Grundnahrungsmittel, gesellschaftliche Probleme wie Kinder-Adipositas oder Zuckerkrankheit sowie falsche Essgewohnheiten.

> **Beispiel**
>
> C: Die Notwendigkeit, eine Änderung herbeizuführen, beruht auf bestehenden Problemen: schlechte Ernährung; Notwendigkeit, einen umfangreichen Markt für lokale Bio-Produzenten anzubieten; Angebot an saisonalen Produkten.

Darüber hinaus wird der Erfolg solcher Projekte stark von persönlichen Wertehaltungen und gesellschaftlichen Paradigmen beeinflusst.

> **Beispiel**
>
> B: Ein wesentlicher Punkt ist die Frage, wie wir die Erde hinterlassen wollen.
>
> B: Das starre System, dominiert von Wirtschaftsdaten und Börsenberichten, verhindert ein Denken über unsere Generation hinaus.

3.1.5.2   Stufe 2: Eine starke Führungskoalition aufbauen

Um mit den in Schritt 1 identifizierten Chancen und Risiken adäquat umzugehen, ist die Bildung eines starken Teams unumgänglich. Für eine effektive Führungskoalition sind dabei die folgenden Merkmale von zentraler Bedeutung (Kotter 1996, S. 50):

- Ausreichende Expertise
- Glaubwürdigkeit → Rückhalt der Mitarbeiter
- Leadership-Kompetenzen
- Relevanz in der Hierarchie → Sind genügend Schlüsselfiguren an Bord?

Merkmale der Stufe 2:

- Bildung eines Führungsteams
- Rückhalt durch Mitarbeiter
- Mitwirkung von außenstehenden Kräften

Die Projekte Die Auswertung der Projekte hat gezeigt, dass für eine möglichst starke Führungskoalition viele unterschiedliche Stakeholder zu berücksichtigen sind. Deren Rolle und der Einfluss, den sie auf die angestrebte Veränderung ausüben, können dabei sehr unterschiedlich sein. In Abb. 3.1 sowie in den darauf folgenden Auszügen aus den Interviews wird die Komplexität solcher Netzwerke ersichtlich.

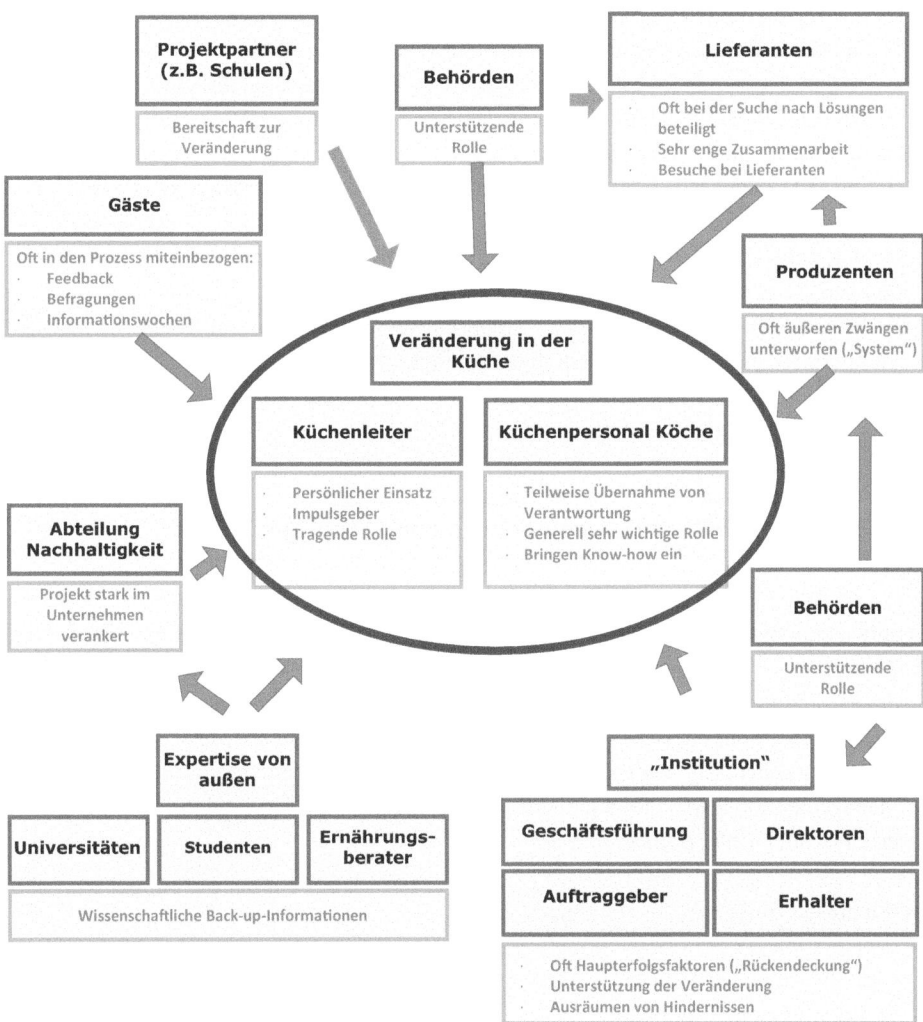

Abb. 3.1 Netzwerke in Großküchen. (Eigene Darstellung)

Beispiel

D: Das Projekt ist im Unternehmen (eigene Nachhaltigkeitsabteilung), bei den Mitarbeitern und bei den Gästen sehr stark verankert.

C: Das Projekt wurde von verschiedenen Personen und Institutionen, insbesondere von Universitäten, unterstützt.

A: Der Auftraggeber spielt bei solchen Projekten eine große Rolle. Es kommt auf die soziale Einstellung der handelnden Personen an.

D: Die Gäste werden in den Prozess der Umsetzung mit einbezogen.

A: Es wurde zusammen mit den Lieferanten nach einer Lösung gesucht.

B: Mit den Lieferanten wurde sehr eng zusammengearbeitet; auf kurzfristige Angebote an Lebensmitteln wurde entsprechend reagiert.

B: Die Mitarbeiter haben eine sehr wichtige Rolle. Das Projekt hängt nicht nur mit der Leitfigur zusammen.

D: Das Know-how der Mitarbeiter wird als grundlegend für den Erfolg der Umsetzung gesehen.

A: Freunde am Weg sind wichtig. Ernährungsberater werden eingebunden, was zur Verbreitung einer positiven Einstellung beiträgt.

B: Das Verordnen von solchen Dingen bringt nur wenig. Wichtig ist, dass die Leute dahinterstehen und sich damit identifizieren.

3.1.5.3   Stufe 3: Entwicklung einer Vision und Strategie

Ist das passende Team erst einmal gefunden, geht es darum, eine Vision und eine Strategie zu entwickeln. Nur eine Vision kann ein Bild von der Zukunft entwerfen und Kräfte, die im Status quo verharren, durchbrechen. Diese Vision wird für das Bestreben nach Veränderungen richtungsweisend sein und sollte in einer Strategie zur Realisierung der Vision münden. Diese Strategie ist gewissermaßen als logische Vorgehensweise zur Umsetzung der Vision zu sehen. Zur erfolgreichen Implementierung einer Strategie sind entsprechende Managementtools wie Projektablaufpläne, Zeitpläne oder Finanzpläne und -ziele einzusetzen (Kotter 1996, S. 62).

Merkmale der Stufe 3:

- Formulierung einer Vision
- Ausarbeitung einer Strategie
- Einsatz von Managementtools

Die Projekte Obwohl bei den einzelnen Projekten eine Vision und Strategie nicht immer explizit erwähnt werden, liegt dem, was man tut, eine gewisse Wertehaltung und Philosophie zugrunde. Diese Wertehaltung kommt unter anderem in folgender Art und Weise zum Ausdruck:

A: Österreichische Produkte werden klar bevorzugt. Alles, was über Italien oder Deutschland hinausgeht, wird abgelehnt.

B: Man kann nur Bio mit Bio vergleichen – wird nur der Preis als Entscheidungskriterium herangezogen, haben wir ein Dilemma.

Diese Wertehaltungen führen dazu, dass bestehende Praktiken infrage gestellt werden. So werden Mindestgrenzen für den Bio-Anteil gesetzt, der Fokus von Kennzahlen in Richtung Bio verschoben oder Ausschreibungsmodalitäten geändert.

Grundsätzlich ist bei allen Projekten mehr oder weniger klar, wohin die Reise gehen soll. Maßnahmen werden Schritt für Schritt umgesetzt, der Weg kontinuierlich gegangen. Ein systematisches Projektmanagement ist bei den einzelnen Projekten unterschiedlich stark ausgeprägt.

A: Die einzuschlagende Richtung war von Anfang an klar. Die Maßnahmen wurden Schritt für Schritt umgesetzt.

C: Das Projekt wurde mit einem systematischen Projektmanagement durchgeführt.

D: Die Umsetzung erfolgte in einer schrittweisen Systematik.

3.1.5.4 Stufe 4: Vision des Wandels kommunizieren

Sind die ersten drei Schritte durchlaufen, geht es darum, die Vision und die Strategie erfolgreich zu kommunizieren. Viele Wandlungsprozesse scheitern laut Kotter an mangelnder Kommunikation (Kotter 1996, S. 8). Bei diesem Kommunikationsprozess ist in möglichst einfachen Worten immer und immer wieder mit den Mitarbeitern zu kommunizieren, um sie so in den gesamten Veränderungsprozess einzubinden. Dabei sollte die Führungskoalition als Vorbild dienen und das vorleben, was sie von den Mitarbeitern erwartet (Kotter 1996, S. 76 ff.).

Merkmale der Stufe 4:

- Kommunikationsplan vorhanden
- Systematische Kommunikation
- Verschiedene Kommunikationswege

Die Projekte Bei allen Projekten sind Ansätze zu einer systematischen Kommunikation vorhanden. Dabei wird auf völlig unterschiedliche Art und Weise kommuniziert. Beispiele hierfür sind: Küchenrunden mit Küchenchefs, Jour fixe, Regionssitzungen, Informationswochen für Gäste und Angestellte, Seminare, Kommunikation über Homepage, Aktionstage für Gäste usw.

Beispiel

A: Strategische Pläne wurden über die Hierarchie umgesetzt bzw. kommuniziert. Lehrlingen wird eine Wertschätzung für die Produkte vermittelt (Exkursionen usw.).
B: Die eigenen Bediensteten und Kunden sind mitzunehmen.
C: Die Öffentlichkeitsarbeit des Projekts wurde durch zahlreiche öffentliche Veranstaltungen durchgeführt: Seminare, Konferenzen, Messen usw.
D: Zu Beginn erfolgte die Kommunikation mit den Gästen durch einen Aktionstag.

Neben der Art der Kommunikation ist auch das, was kommuniziert wird, von Bedeutung. Die Stakeholder müssen den Sinn einzelner Maßnahmen begreifen, um hinter dem Projekt zu stehen.

Beispiel

B: Informationswochen, Umfragen, Schulungen (für Mitarbeiter) und Informationsstände im Speisesaal sind Bestandteile des Projekts.
D: Durch die Erhaltung des Preisgefüges sowie durch die Kommunikation mit den Gästen kam es zu keinen Problemen.
D: Eine besondere Art der Kommunikation fand heuer durch die Öko-Aktionstage statt, bei denen regionale Produzenten den Gästen ihre Produkte vorstellten.

3.1.5.5 Stufe 5: Veränderungsprozesse auf eine breite Basis stellen

Auch wenn mit den ersten vier Schritten schon viel in Richtung „Empowerment" der Mitarbeiter erreicht wird, gilt es nun, Hindernisse, die dem Vorhaben zur Veränderung im Weg stehen, zu beseitigen bzw. zu verändern. Darunter sind beispielsweise bestehende Strukturen im Unternehmen zu verstehen. Diese sind den Zielen der Vision anzupassen.

Darüber hinaus müssen die Mitarbeiter die notwendigen Trainings und Handlungsspielräume bekommen, um so letztlich zu Botschaftern der Veränderung zu werden (Kotter 1996, S. 87 ff.).

Merkmale der Stufe 5:

• Strukturen werden verändert
• Mitarbeiter bekommen mehr (richtigen) Handlungsspielraum
• Mitarbeiter und Führungskräfte werden entsprechend weitergebildet
• Die Vision wird von einer breiten Mehrheit im Unternehmen getragen

Die Projekte Um die angestrebten Veränderungen zu erreichen, werden in den einzelnen Projekten die Strukturen auf die eine oder andere Art und Weise verändert. Beispiele hierfür sind: Synergien bei den Lieferanten schaffen, Anzahl der Lieferanten stark reduzieren, Kontakte zu Lieferanten intensivieren, Gewinnen von Freunden am Weg – z. B. Ernährungsberater, Schaffung einer eigenen Nachhaltigkeitsabteilung usw.

Beispiel

A: Die Anzahl der Lieferanten wurde stark reduziert (1 × Bio-Gemüse; 1 × Bio-Obst).

A: Freunde am Weg sind wichtig. Ernährungsberater werden eingebunden, was zur Verbreitung einer positiven Einstellung beiträgt.

D: Die Mitarbeiter wurden gefordert und Arbeitsabläufe durch die Umstellung vereinfacht.

D: Die Küche hat es sich derzeit zum Ziel gesetzt, den Kontakt zu Lieferanten auszuweiten.

D: Das Projekt ist im Unternehmen (eigene Nachhaltigkeitsabteilung), bei den Mitarbeitern und bei den Gästen sehr stark verankert.

Der Weg, um diese Strukturen zu verändern, ist nicht immer leicht. Beständigkeit, einiges an Geduld und viele kleine Schritte sind notwendig.

Beispiel

A: Um die bestehenden Lieferanten zu überzeugen, war einiges an Geduld nötig.

B: Es war sehr schwierig, die richtigen Lieferanten mit entsprechendem Sortiment zu finden. Hier waren viele kleine Schritte nötig.

D: Die Umstellung auf Bio-Qualität einiger Lebensmittel geschah kontinuierlich und schrittweise.

Dabei ist auch mit Widerstand umzugehen. Gerade Menschen, die sehr tief in den alten Strukturen verwurzelt sind, waren anfangs skeptisch. So war es beispielsweise auch erforderlich, Lieferanten die Rute ins Fenster zu stellen.

Beispiel

A: Menschen, die sehr tief in den alten Strukturen verwurzelt waren, waren anfangs skeptisch.

B: Teilweise gab es Unmut bei den ausführenden Stellen. Aber man soll überzeugt sein von dem Weg, den man geht.

B: Manchmal musste man die Lieferanten etwas härter angreifen, damit sich etwas bewegte.

Eine Möglichkeit, um diesen Widerstand zu minimieren, besteht laut Kotter (1996) in der Weiterbildung der beteiligten Personengruppen. Dieser Weiterbildung wird bei den jeweiligen Projekten viel Aufmerksamkeit geschenkt, was sich in der Vielfalt der durchgeführten Maßnahmen widerspiegelt: Exkursionen für Lehrlinge, Informationswochen, Umfragen, Fachschulungen, Teilnahme an Konferenzen, Veranstaltungen, Workshops, Infoblätter für Neueinsteiger und Bedienstete, Besuche bei Lieferanten usw.

Generell ist der Schulungsbedarf durch die angestrebten Veränderungen hoch. Auch Personen aus der „zweiten Reihe" werden geschult, was zu einer breiteren Unterstützung der Projekte beiträgt.

Beispiel

A: Der Schulungsbedarf ist durch die Umstellung des gastronomischen Bereichs sehr hoch. Jetzt gibt es eine Abteilung für gastronomisches Management.

B: Informationswochen, Umfragen, Schulungen (für Mitarbeiter) und Informationsstände im Speisesaal sind Bestandteile des Projekts.

B: Auch Personalvertreter wurden geschult. Das Projekt wurde auf Konferenzen präsentiert → Vertreter von Fachabteilungen als Multiplikatoren.

B: Zu Schulungen wurden auch Personen aus der zweiten Reihe eingeladen.

B: Entsprechende Schulungen, Workshops und Infoblätter für die Bediensteten und Neueinsteiger sind ein fixer Bestandteil.

D: Das Know-how der Mitarbeiter wird als grundlegend für den Erfolg der Umsetzung gesehen.

Darüber hinaus kann auch der Ruf nach außen stark zum Erfolg eines Veränderungsprozesses beitragen. So dienen besonders erfolgreiche Projekte als Vorbild für andere Projekte.

Beispiel

B: Der Ruf, nachhaltig zu wirtschaften, hat sich mittlerweile auch nach außen gefestigt.

B: Das Thema Nachhaltigkeit ist so verwurzelt, dass es mittlerweile zur Identifizierung einer breiten Masse beiträgt und von der Politik entsprechend proklamiert wird.

B: Der Erfolg wird gerne hergezeigt und auch in diversen Berichten berücksichtigt.

3.1.5.6   Stufe 6: Planung und Schaffung von kurzfristig sichtbaren Erfolgen

Um den Veränderungsprozess durchsetzen zu können, sind vorläufige Erfolge am Weg zum Ziel unerlässlich. Dadurch können kurzzeitig anfallende Kosten gerechtfertigt werden sowie Mitarbeiter und Führungskräfte zusätzlich motiviert werden. Eine dahingehende Planung muss mit einer Anerkennung und Würdigung dieser Erfolge und Leistungen einhergehen (Kotter 1996, S. 99 ff.).

Merkmale der Stufe 6:

• Kurzfristige Erfolge werden geplant und erreicht.
• Menschen, die diese Erfolge ermöglichen, bekommen Anerkennung.

Die Projekte Bei den einzelnen Projekten werden durchwegs kurzfristige Erfolge erzielt. Diese Erfolge stellen sich Schritt für Schritt ein. So können beispielsweise Bio-Quoten auf ein gewisses Niveau erhöht werden.

Beispiel

A: Die Bio-Quote wurde in allen Teilküchen auf ein gewisses Minimum erhöht. Die Betriebe müssen die Produkte verwenden, die ihnen vorgegeben werden.
C: Ein bis zwei Jahre nach Start des Projekts wurden theoretische Konzepte in konkrete Ergebnisse umgewandelt.

Viele dieser kurzfristigen Erfolge sind für den weiteren Verlauf der jeweiligen Projekte von entscheidender Bedeutung. So können durch die Erreichung gewisser Quoten sowie durch den finanziellen Beweis anfängliche Zweifler überzeugt werden. Auf Seiten der Kunden werden ebenso Erfolge erzielt. Diese sind teilweise sogar begeistert und genießen die Umstellung auf Lebensmittel, die schon lange nicht mehr gesehen wurden. Auch Kinder können dazu gebracht werden, Speisen zu essen, die sie sonst nicht essen würden.

Beispiel

A: Tatsächliche Erfolge wie eine Senkung der Quoten konnten die anfänglichen Zweifler überzeugen.
A: Der finanzielle Beweis hat vieles gerechtfertigt.
A: Der Kunde genießt die Umstellung auf Lebensmittel, die schon lange nicht mehr gesehen wurden.
B: Der laufende Betrieb (Wareneinsatz, Betriebsmittel usw.) kann ohne ein Mehr an Budget finanziert werden.
B: In der Anfangsphase sind die Preise nicht teurer geworden.
D: Die Gäste waren von der ersten Umstellung auf Bio-Fleisch vollauf begeistert.

Besonders wichtig ist, dass zur Erreichung der ersten kurzfristigen Erfolge realistische Ziele gesetzt werden.

Beispiel

A: Es wurden realistische, erreichbare Ziele gesetzt.
C: Die ersten Ergebnisse wurden bereits in den ersten zwei Jahren des Projekts erreicht: Umsetzung von 10 % biologischer Produkte in einigen Kasernen, Umsetzung von einem hohen Anteil an biologischen Produkte in einigen Schulen.

3.1.5.7 Stufe 7: Erfolge konsolidieren und weitere Veränderungen anstoßen

Mit dem Rückenwind der kurzfristigen Erfolge und dem damit wachsenden Glauben an Veränderungen können einerseits bereits getroffene Maßnahmen fest verankert und andererseits weitere Vorhaben in Richtung Veränderung umgesetzt werden. So sind Mitarbeiter zur zusätzlichen Unterstützung zu gewinnen und unnötige Abhängigkeiten innerhalb der bestehenden Strukturen zu beseitigen (Kotter 1996, S. 111 ff.).

Merkmale der Stufe 7:

- Planung jenseits der kurzfristigen Erfolge erkennbar
- Stürme und Orkane werden ausgestanden bzw. im Idealfall vermieden
- Mitarbeiter auf unteren Ebenen übernehmen Führungsaufgaben
- Unnötige Abhängigkeiten innerhalb der Organisation werden vereinfacht/beseitigt

Die Projekte Die anfangs kurzfristigen Erfolge haben in weiteren, durchaus nachhaltigen Erfolgen ihre Fortsetzung gefunden. So tragen ein gut ausgebildetes Personal und langfristige Beziehungen zu Stammlieferanten zum Erfolg der Veränderung bei. Teilweise werden beträchtliche Bio-Quoten erzielt. Der Nutzen aus ökologischer, ökonomischer sowie ernährungsphysiologischer Sicht gibt den Verantwortlichen recht.

Beispiel

B: Mittlerweile ist man sehr zufrieden und hat gute Stammlieferanten gefunden.
C: Sieben Jahre nach Projektanfang gibt es eine Kantine, welche 75.000 Mahlzeiten pro Tag vorbereitet und 70 % organische Produkte einsetzt.
D: Es besteht ein Nutzen in ökologischer und ernährungsphysiologischer Sicht, ökonomisch besteht ein gesamtwirtschaftlicher Nutzen.
D: Durch die höhere Gesundheit der Gäste entstehen geringere Kosten für das Unternehmen.
D: Der Bio-Anteil in der Küche beträgt 60 %.
A: Sicherheit und die Bindung von Lieferanten auf lange Zeit spielen eine große Rolle.

In einigen Bereichen werden bestehende Strukturen komplett umgebildet. Damit einhergehend wird das Projekt immer weiter vorangebracht. Nachdem die ersten Ziele erreicht werden, werden neue Schwerpunkte gesetzt. Eine derartige Umstellung ist als laufend und nie abgeschlossen zu sehen. Für die Zukunft werden weitere Ziele formuliert.

Manchmal schwimmt man alleine gegen den Strom, einige Stakeholder sind anfangs nicht wirklich überzeugt. Dennoch werden Stürme in Kauf genommen und ausgestanden.

Beispiel

A: Es gibt jetzt verschiedene Abteilungen. Darunter einen Ernährungsberater, Food & Beverage, ein eigenes Marketing, eine eigene Beschaffung sowie ein eigenes Qualitätsmanagement.

A: Es wurde quasi ein Unternehmen im Unternehmen gebildet. Die Strukturen wurden umgestellt (Regionalleiter, Bereichsleiter sowie zusätzliche Serviceteams).

A: Stürme werden in Kauf genommen und ausgestanden.

A: Das Projekt ist laufend und nie abgeschlossen und erfordert teilweise rasche Reaktionen.

B: Es gab keine Weisungen von außen. Man ist gegen den Strom geschwommen.

B: Das alleinige Setzen von Zielquoten ist nicht ausreichend. Es gehört viel mehr dazu – da muss sich ein Wertewandel vollziehen.

B: Das Wesentlichste ist, dass man das Ziel nicht aus den Augen verliert.

3.1.5.8   Stufe 8: Neue Ansätze in der Kultur integrieren

Um den vollzogenen Wandel langfristig sicherzustellen, ist dieser in der Kultur eines Unternehmens zu verankern. Dazu bedarf es nicht selten einer grundlegenden Änderung von Normen und gemeinsamen Werten. Nur so ist gewährleistest, dass das Ausscheiden eines Schlüsselverantwortlichen nicht zu einem Rückfall in alte Verhaltensmuster führen kann. Neue Ansätze und Praktiken werden erst in eine Kultur übernommen, nachdem sie sich bewährt und zu Erfolg geführt haben. Auch dazu bedarf es eines umfassenden Kommunikationsplans (Kotter 1996, S. 123 ff.).

Merkmale der Stufe 8:

- Es gibt Pläne zur Verankerung der Maßnahmen in den Praktiken und grundlegenden Werten.
- Grundlegende Einstellungen werden von den Mitarbeitern hinterfragt.
- Wenn nötig, werden Schlüsselfiguren ausgetauscht, um den Wandel zu beschleunigen.
- Beförderungsmaßnahmen werden an die veränderten Strukturen angepasst.

Die Projekte Den Projekten ist es durchgängig gelungen, einen langfristig anhaltenden Wandel einzuleiten. Wie bereits unter Punkt 7 erwähnt, werden Ziele für die Zukunft formuliert und einzelne Projekte als nie abgeschlossen gesehen.

Beispiel

A: In Zukunft soll verstärkt mit regionalen Unternehmen zusammengearbeitet werden.

A: In Zukunft geht es darum, die guten Verbindungen zu den Lieferanten zu festigen und so gewisse Mengen zu sichern.

A: Sicherheit und die Bindung von Lieferanten auf lange Zeit spielen eine große Rolle.
B: Das alleinige Setzen von Zielquoten ist nicht ausreichend. Es gehört viel mehr dazu
– da muss sich ein Wertewandel vollziehen.
F: Die Umstellung auf biologische Lebensmittel zeigt auch außerhalb des Betriebes
Wirkung.

3.1.6   Erfolgsfaktoren – Handlungsfelder

Wie die obenstehende Auswertung gezeigt hat, kristallisieren sich für den erfolgreichen
Wandel gewisse Erfolgsfaktoren und Handlungsfelder heraus. Um weiteren Projekten in
diesem Bereich eine Hilfestellung zu geben, werden diese Erfolgsfaktoren und die daraus
resultierenden Handlungsfelder nachfolgend zusammengefasst.

Stufe 1: Ein Gefühl der Dringlichkeit erzeugen
Erfolgsfaktor 1: Äußere Einflüsse zum eigenen Vorteil nutzen (schlechte Qualität konventioneller Nahrungsmittel, gesellschaftliche Probleme wie Kinder-Adipositas oder Zuckerkrankheit, falsche Essgewohnheiten).
   Erfolgsfaktor 2: Persönliche Wertehaltungen – innere Überzeugung der Verantwortlichen → entscheidend für den weiteren Projektverlauf.

Stufe 2: Eine starke Führungskoalition aufbauen
Erfolgsfaktor 3: Freunde am Weg gewinnen – Überzeugungsarbeit leisten.

Stufe 3: Entwicklung einer Vision und Strategie
Erfolgsfaktor 4: Maßnahmen Schritt für Schritt umsetzen, den Weg kontinuierlich gehen.

Stufe 4: Vision des Wandels kommunizieren
Erfolgsfaktor 5: Kommunikation mit allen beteiligten Stakeholdern auf vielfältige Art und
Weise.
   Erfolgsfaktor 6: Sinn vermitteln – die Stakeholder müssen den Sinn einzelner Maß-
nahmen begreifen, um hinter dem Projekt zu stehen.

Stufe 5: Veränderungsprozess auf eine breite Basis stellen
Erfolgsfaktor 7: Bestehende Strukturen und Praktiken hinterfragen und an die Projektziele
anpassen.
   Erfolgsfaktor 8: Widerstand durch Aus- und Weiterbildung sowie umfangreiche Infor-
mationsarbeit minimieren. Auch Personen aus der zweiten Reihe mit einbeziehen.

Stufe 6: Planung und Schaffung von kurzfristig sichtbaren Erfolgen
Erfolgsfaktor 9: Für den Anfang realistische Ziele setzen, die auch in absehbarer Zeit
erreichbar sind.

Stufe 7: Erfolge konsolidieren und weitere Veränderungen anstoßen

Erfolgsfaktor 10: Stürme und Orkane in Kauf nehmen und ausstehen.

Erfolgsfaktor 11: Manchmal auch alleine gegen den Strom schwimmen und durchhalten.

Stufe 8: Neue Ansätze in der Kultur integrieren

Erfolgsfaktor 12: Ziele für die Zukunft formulieren.

Erfolgsfaktor 13: Kontinuierlich am Projektfortschritt arbeiten.

Erfolgsfaktor 14: Langfristige Beziehungen zu wichtigen Lieferanten und sonstigen Stakeholdern aufbauen.

Aus diesen Erfolgsfaktoren wiederum lassen sich die in Abb. 3.2 dargestellten Handlungsfelder ableiten.

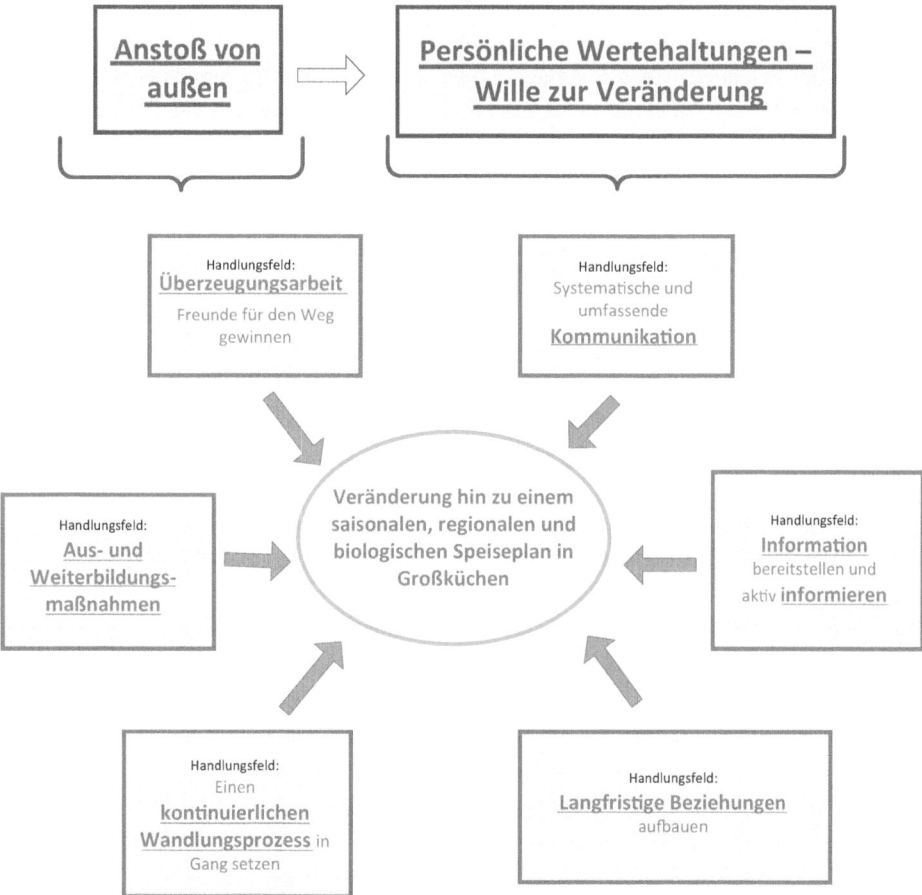

Abb. 3.2 Handlungsfelder für erfolgreiche Veränderungsprozesse in der Gemeinschaftsverpflegung. (Eigene Darstellung)

Auch hier gilt: Als Grundvoraussetzung für einen erfolgreichen Wandel sind die persönliche Wertehaltung sowie der Wille zur Veränderung ausschlaggebend. Erst dann kommen die definierten Handlungsfelder zum Tragen.

3.1.7 Zusammenfassung

Zusammenfassend lässt sich festhalten, dass die Veränderungsprozesse in den Großküchen ähnliche Muster aufweisen.

Auffallend ist, dass bei allen Projekten die Veränderung sehr stark von einzelnen Verantwortlichen ausgeht, weil sich diese persönlich dafür einsetzen. Das führt wiederum zu einer gewissen „Personifizierung" der Veränderung. Als Konsequenz daraus hängen die Veränderungsprozesse unter Umständen stark an einer einzelnen Persönlichkeit. Gerade wenn sich ein Projekt rund um eine Schlüsselfigur dreht, ist die Gefahr groß, dass es bei Ausscheiden dieser Schlüsselfigur zu einem Rückfall in alte Verhaltensmuster kommt.

Ziel sollte es jedoch sein, die Veränderungsprozesse so zu gestalten, dass diese von einer möglichst breiten Mehrheit im Unternehmen mitgetragen werden. Die Vision und die Strategie dahinter sollten explizit kommuniziert werden, was nicht bei allen Projekten der Fall ist. Natürlich bedeutet das nicht automatisch, dass es keine Vision und Strategie gibt. Vielmehr sind eine Vision und eine Strategie häufig implizit vorhanden, was sich wieder vor allem im Verhalten der Führungspersonen widerspiegelt.

Auch wenn es den Projekten durchwegs gelungen ist, einen langfristig anhaltenden Wandel mit sich zu bringen, ist die entscheidende Frage, ob dieser auch stark veränderten Rahmenbedingungen wie beispielsweise finanziellen Restriktionen standhält.

Wie so oft ist auch hier der persönliche Wille zur Veränderung bei den „systemrelevanten" Personen das entscheidende Kriterium.

3.2 Angebotsentwicklung (Veränderung von Speisplänen) und Kundenzufriedenheit in der Gemeinschaftsverpflegung

Nachdem im ersten Teil dieses Beitrags Best-Practice-Beispiele auf dem Weg zu mehr Nachhaltigkeit in Großküchen analysiert wurden, wird im zweiten Teil diskutiert, wie Speisepläne in Richtung Nachhaltigkeit verändert werden können. Konkret wird die Vorgehensweise bei der Veränderung des Speisenangebots untersucht und analysiert, wie sich die Kundenzufriedenheit dadurch entwickelt hat.

Im Projekt „UMBESA" haben sich die Betriebsrestaurants von fünf österreichischen Organisationen (zwei öffentliche Institutionen, eine Schule, ein Krankenhaus, ein Bankunternehmen) das Ziel gesetzt, die Speisepläne nachhaltiger zu gestalten und die Zufriedenheit der Kunden dadurch zu erhöhen.

Veränderungsprozesse in der Gemeinschaftsverpflegung, wie die Umsetzung nachhaltiger Speisepläne durch den verstärkten Einsatz biologischer, regionaler und saisonaler

Tab. 3.1 Phasen der Speiseplanveränderung. Relevante Fragen

Analyse der Ausgangsituation	Wer ist meine Zielgruppe?
	Welche Bedürfnisse und Merkmale zeichnen diese Zielgruppe aus?
	Welche Interessen und demografischen Merkmale haben die Gäste?
	Wie zufrieden sind die Kunden mit dem aktuellen Angebot des Betriebsrestaurants?
	Wie beurteilen meine Kunden die Servicequalität?
	Wie wird die Qualität der Speisen bewertet?
Ableitung von Maßnahmen	Welche Maßnahmen können auf Basis der Zielgruppenanalyse definiert werden?
	Welche Verbesserungsmöglichkeiten ergeben sich aus der Zufriedenheitsanalyse?
	Welche Maßnahmen können mit bestehenden Ressourcen umgesetzt werden?
	Wer ist für die Implementierung der Maßnahmen verantwortlich?
	Welche Ziele werden mit den Maßnahmen verfolgt und mit welchen Kennzahlen können diese kontrolliert werden?
Kontrolle und Maßnahmenevaluierung	Werden die Veränderungen von meinen Kunden wahrgenommen?
	Hat sich die Zufriedenheit der Gäste verändert?
	Wie beurteilen die Gäste die Veränderungen im Betriebsrestaurant?
	Welche Schlüsse lassen sich daraus ziehen?
	Was sind die Gründe für den Erfolg/Misserfolg von Maßnahmen?

Produkte, erfordern eine systematische Vorgehensweise. Tabelle 3.1 zeigt, wie im Projekt „UMBESA" vorgegangen wurde.

Zu Beginn des Planungsprozesses steht die Analyse der Ausgangssituation, wodurch der Ist-Zustand abgebildet wird. Es folgen die Festlegung von Zielen sowie die Ableitung und Umsetzung von Maßnahmen. Schließlich müssen die Veränderungen kontrolliert werden, um sicherzustellen, dass sich das Angebot in eine positive Richtung entwickelt (Schrand und Schlieper 2008, S. 211).

3.2.1 Analyse der Ausgangssituation

Die Situationsanalyse zeigt, wo ein Betrieb aktuell steht, und dient der Erkennung von Leistungspotenzialen und Schwachstellen. Die Analyse der Ausgangssituation ist die

Grundlage für Veränderungsprozesse (Wolf und Heckmann 2008, S. 35). Ohne zu wissen, wo man steht, kann man sich auch nicht erfolgreich verändern.

Zu Beginn des Projekts „UMBESA" wurde daher die Ausgangssituation in den teilnehmenden Betriebsküchen analysiert. Ziel waren die Zielgruppendefinition und die Untersuchung der Kundenzufriedenheit mit dem bestehenden Angebot. Die Analyse erfolgte durch eine Befragung von 765 Kunden in den teilnehmenden Betriebsrestaurants. Umfragen sind eine Möglichkeit, Daten zur Ausgangssituation, zur Zielgruppe und zur Kundenzufriedenheit zu generieren (Kerth et al. 2011, S. 43). Bei der Befragung wurde der klassischen Vorgehensweise bei Marktforschungsprojekten gefolgt: Konzeption der Studie, Datenerhebung, Datenauswertung und Ergebnisdarstellung (Wolf 2005, S. 129).

Für die Befragung wurde ein standardisierter Fragebogen entwickelt. Der Fragebogen gliederte sich in vier Teile: Zuerst wurden die Auskunftspersonen zu ihrer Besuchsfrequenz und der Zufriedenheit mit der Betriebsküche befragt. Die Kunden wurden gebeten, die Auswahl und Angebotsvielfalt, das Küchenpersonal, die Qualität des Essens und die Atmosphäre im Restaurant zu beurteilen. Die Aussagen zu Auswahl und Angebot (z. B. „Hier werden auch leichte Mahlzeiten angeboten.") sowie zum Küchenpersonal (z. B. „Das Küchenpersonal ist sehr freundlich.") wurden auf einer siebenstufigen Skala (1 = stimme überhaupt nicht zu, 7 = stimme voll und ganz zu) beurteilt. Die Qualitätskriterien (z. B. Gesundheit, Frische, Würze) und allgemeine Aspekte des Restaurants (z. B. Wohlfühlen, Wartezeiten, Sauberkeit) beurteilten die Auskunftspersonen nach dem semantischen Differential (z. B. 1 = sehr ungesund, sehr schmutzig; 7 = sehr gesund, sehr sauber).

Im zweiten Teil des Fragebogens wurden Fragen zum allgemeinen Ernährungs- und Konsumverhalten gestellt (z. B. „Ich esse möglichst viele Vollkornprodukte", „Bei Obst und Gemüse kaufe ich bevorzugt saisonale Produkte."). Die Aussagen wurden wieder auf einer siebenstufigen Skala beurteilt. Die Fragen zum Ernährungs- und Konsumverhalten bildeten die Grundlage für die Zielgruppenanalyse. Im dritten Abschnitt wurden die Auskunftspersonen zur Bekanntheit des Projekts „UMBESA" und den geplanten Maßnahmen in den Betriebsküchen befragt. Am Ende des standardisierten Fragebogens wurden demografische Daten wie Alter, Geschlecht, Beschäftigungsstatus und Ausbildungsniveau abgefragt.

Die Fragebögen wurden von Projektmitarbeitern in den teilnehmenden Betriebsküchen verteilt. Die Restaurantbesucher wurden aktiv angesprochen und auf geplante Veränderungen aufmerksam gemacht. Der Direktkontakt unterstützte die Motivation der Auskunftspersonen, den Fragebogen vollständig auszufüllen, und bot die Möglichkeit, über die Vorhaben der Küche zu informieren. Der Fragebogen war als Selbstausfüller konzipiert, das heißt, dass die Auskunftspersonen diesen selbstständig und ohne Hilfe ausfüllten. Da die Fragebögen direkt in den Restaurants ausgeteilt wurden, war das Teilnahmekriterium der Besuch eines der teilnehmenden Betriebsrestaurants. Sozial erwünschte Antworten, der Einfluss von dritten Personen oder bewusste Falschantworten mussten berücksichtigt werden, wurden aber durch eine Datenbereinigung soweit wie möglich kontrolliert. Nach der Feldphase und der Datenkontrolle wurden statistische Auswertungen durchgeführt.

3.2.1.1 Zielgruppenanalyse und Konsumententypen in der Gemeinschaftsverpflegung

Das Ernährungsverhalten wird durch verschiedene Einflussfaktoren bestimmt. Das persönliche Umweltbewusstsein, das Interesse am Einkaufen, Kochen und Essen, Gesundheitsgedanken, Lifestyle, soziale Einflüsse und Trends sowie ein zunehmendes Angebot an vegetarischen Speisen sind nur einige Beispiele dafür. Wie sich jemand ernährt, wird zudem durch demografische Eigenschaften, wie Alter, Geschlecht, Beruf oder Bildungsniveau, beeinflusst (vgl. dazu auch Kap. 2 in diesem Buch).

Alle diese Faktoren bestimmen auch die Erwartungen und Ansprüche an die Gemeinschaftsverpflegung. Für Betriebsküchen ist es daher sehr wichtig, die Zielgruppe zu kennen, um sie gezielt ansprechen zu können (Wolf und Heckmann 2008, S. 16). Als Zielgruppe können jene Personengruppen bezeichnet werden, die als potenzielle Käufer eines Angebots infrage kommen (Kerth et al. 2009, S. 133). Die Zielgruppendefinition kann durch demografische, sozioökonomische und kaufverhaltensbezogene Kriterien sowie allgemeine Persönlichkeitsmerkmale erfolgen (Homburg und Krohmer 2006, S. 767). Dieser Empfehlung wurde auch bei der Zielgruppenanalyse im Rahmen des Projekts „UMBESA" gefolgt.

Wie Tab. 3.2 zeigt, konnten auf Basis der Befragung von 765 Kunden sechs Typen von Konsumenten in der Gemeinschaftsverpflegung unterschieden werden.[1] Diese können zur

Tab. 3.2 Konsumententypologie. (Eigene Darstellung)

Idealisten (31 %)	Starkes Verantwortungs- und Umweltbewusstsein
	Gesunde und bewusste Ernährung aus eigener Überzeugung
	Einfluss durch Familien- und Bekanntenkreis
	Orientierung an Werten und Ursprünglichem
	Hohe Nachfrage nach regionalen, biologischen und fair gehandelten Lebensmitteln
	Eier aus Freilandhaltung, Fleisch aus artgerechter Tierhaltung
	Vegetarische Gerichte
	Personen ab 30 Jahren
	Hohes Ausbildungsniveau
Lifestyle-Typen (23 %)	Starker Einfluss durch äußere Faktoren (z. B. Lebensmittelkrisen)
	Ansätze eines Umweltbewusstseins
	Gesundheit als zentrales Motiv
	Anpassung an aktuelle Trends und Lifestyle (z. B. „Bio ist in")
	Selbstverständnis als „moderner Mensch"
	Kalorienreduzierte Lebensmittel
	Fettarme Gerichte
	Lebensmittel, die mit Vitaminen, Mineral- und Ballaststoffen angereichert sind
	Hochwertige Fertiggerichte und Fast Food
	Vegetarische Speisen

---

[1] Die prozentuale Verteilung der Typen bezieht sich ausschließlich auf die Stichprobe von 765 Auskunftspersonen der Befragung 2013 in den teilnehmenden Betriebsrestaurants.

Tab. 3.2 (fortsetzung)

Genießer (17%)	Interesse am Einkaufen und Kochen
	Restaurantbesuche
	Genuss, nicht Gesundheit steht im Vordergrund
	Hoher Qualitätsanspruch
	Hoher Fleischkonsum
	Qualitativ hochwertige Lebensmittel (Bioprodukte, Eier aus Freilandhaltung usw.)
	Hohe Zahlungsbereitschaft bei bekannten Marken
	Personen ab 30 Jahren
Fast-Food-Typen (14%)	Geringes Interesse an Kochen und Essen
	Geringes Interesse an Umwelt- oder Nachhaltigkeitsthemen
	Kein Gesundheitsbewusstsein
	Nachfrage nach Fertiggerichten
	Häufiger Besuch von Fast-Food-Restaurants
	Männer und Frauen jüngeren Alters (bis ca. 30 Jahre)
Regionale Traditionalisten (8%)	Geringes Gesundheitsbewusstsein
	Kaum Interesse an Umwelt- oder Nachhaltigkeitsthemen
	Hoher Fleischkonsum
	Keine Nachfrage nach biologischen oder „Fair-Trade"-Produkten
	Kaum Nachfrage nach Fertiggerichten und seltener Besuch von Fast Food Restaurants
	Kauft gerne in der eigenen Umgebung ein
Fitness-Typen (7%)	Kein Umweltbewusstsein
	Interesse an Gesundheit, achten auf gesunde und ausgewogene Ernährung
	„Essen und Kochen muss funktionieren"
	Nachfrage nach Fertiggerichten
	Vollkornprodukte
	Vermeidung von Zusatzstoffen
	Hoher Fleischkonsum
	Jüngere Männer

Zielgruppenbestimmung herangezogen werden. Methodisch wurde nach einer Kombination von Faktoren- und Clusteranalyse vorgegangen (auch dazu gibt es weitere Details im Kap. 2 in diesem Buch).

Die Idealisten Idealisten gelten als „Vorzeige-Konsumenten". Ihr Ernährungs- und Konsumverhalten wird durch ein starkes Umwelt- und Nachhaltigkeitsbewusstsein geprägt. Charakteristisch dafür ist eine hohe Nachfrage nach biologischen, regionalen und fair gehandelten Lebensmitteln. Auch die Gesundheit spielt für diese Konsumenten eine zentrale Rolle.

Auf dem Speiseplan finden sich viele vegetarische Gerichte, verarbeitet werden gerne saisonale und frische Produkte. Regionale Lebensmittel werden nicht nur wegen der Frische und der Gesundheit bevorzugt, Idealisten ist es auch wichtig, einen Beitrag zur Nachhaltigkeit zu leisten. Aspekte wie die Stärkung der regionalen Wirtschaft oder die Vermeidung langer Transportwege beeinflussen ebenfalls das Verhalten.

Die Wertehaltung wird auch durch das soziale Umfeld gestärkt. Der Bekannten- und Familienkreis orientiert sich ebenfalls am Ursprünglichen. Idealisten konsumieren aus Überzeugung, äußere Einflüsse wie Lebensmittelkrisen spielen für diesen Konsumententypen nur eine untergeordnete Rolle. Aufgrund des Konsummusters betreffen Skandale, wie BSE- oder der Pferdefleischskandal, Idealisten kaum. Statistisch betrachtet handelt es sich bei Idealisten um Personen ab 30 Jahren, die ein hohes Ausbildungsniveau haben. 40 % haben einen Hochschulabschluss, 24 % einen Maturaabschluss. Durch die hohen Ansprüche und die persönliche Überzeugung stehen Idealisten dem Angebot der Betriebsküchen kritisch gegenüber.

Die Lifestyle-Typen Kalorienreduzierte Lebensmittel, fettarme Ernährung und mit Vitaminen, Mineral- oder Ballaststoffen angereicherte Produkte stehen im Zentrum des Interesses der Lifestyle-Typen. Das Ernährungs- und Konsumverhalten wird vor allem durch äußere Faktoren beeinflusst. Lifestyle-Typen zeigen eine hohe Sensibilität bei Lebensmittelkrisen. Der Lifestyle Typ passt sich an aktuelle Trends an und als „moderner Mensch" interessiert er sich durchaus für seine Gesundheit. Eine gewisse Umweltorientierung wird durch den Lifestyle-Aspekt begründet, genauso werden aber auch Fertigprodukte konsumiert. Wichtig sind also aktuelle Trends (z. B. „Bio ist in"), Lifestyle und das Aussehen.

Genießer Genießer zeichnen sich durch ein großes Interesse am Einkaufen und Kochen aus. Dieser Typ interessiert sich in erster Linie für qualitativ hochwertige Lebensmittel und ist bereit, für bekannte Marken auch höhere Preise zu zahlen. Genießer sind tafelfreudige Personen, die gerne Fleisch konsumieren und offen für neue Gerichte sind. Sie haben einen hohen Anspruch an die Qualität der Lebensmittel und kaufen daher auch gerne Bioprodukte, Eier aus Freilandhaltung oder Fleisch aus artgerechter Tierhaltung.

Genießer kaufen durchaus auch regionale Produkte, es ist für sie im Gegensatz zu den Idealisten aber kein Muss. Die Gesundheit beeinflusst das Konsumverhalten, steht aber nicht im Vordergrund. Wichtig sind der Spaß am Essen und der Genuss, daher gönnen sich Genießer gerne auch einen Besuch in einem guten Restaurant. Genießer sind hauptsächlich Personen ab 30 Jahren unterschiedlicher Bildungsschichten.

Fast-Food-Typen Fast-Food-Typen legen geringen Wert auf die Gesundheit und interessieren sich kaum fürs Kochen oder Umweltthemen. Es handelt sich dabei in erster Linie um jüngere Leute, sowohl Männer als auch Frauen, die gerne Fertiggerichte, Snacks und Fast Food konsumieren. Motive wie Praktikabilität oder schnelle Verfügbarkeit der Speisen bestimmen das Ernährungsverhalten. Der Ursprung der Produkte oder die Herstellung spielen für den Fast-Food-Typen keine Rolle. Durch die Tatsache, dass hauptsächlich Fertiggerichte konsumiert werden, besteht kein Interesse an den einzelnen Zutaten sowie deren Qualität.

Regionale Traditionalisten Regionale Traditionalisten sind eine Nischengruppe. Sie legen kaum Wert auf Gesundheit und Umwelt. Sehr wohl aber darauf, dass die Produkte aus der Region kommen. Diese müssen aber keine Bioprodukte sein. Traditionalisten zeichnen sich durch ein geringes Interesse an Fertiggerichten aus und Fast-Food-Restaurants werden nur selten aufgesucht. Traditionalisten konsumieren gerne Fleisch und kaufen gerne in der eigenen Umgebung ein, aber nicht aus Gründen des Umweltschutzes oder der Gesundheit. Demografisch handelt es sich bei diesem Konsumententyp in erster Linie um Personen mit einem Alter über 30 Jahren.

Fitness-Typ Das Ernährungs- und Konsumverhalten des Fitness-Typs wird vor allem durch ein gesundheitliches Interesse geprägt. Für Fitness-Typen spielt es aber keine Rolle, ob Fleisch aus artgerechter Tierhaltung oder die Eier aus Freilandhaltung stammen oder Produkte fair gehandelt werden. Die Gesundheit steht im Vordergrund, dies erklärt auch das Interesse an einer ausgewogenen Ernährung, den hohen Verzehr an Vollkornprodukten oder die Tendenz, Zusatzstoffe zu vermeiden. Etwa zwei Drittel der Auskunftspersonen, die diesem Typ zugeordnet werden können, sind Männer. Der Fitness-Typ hat nichts gegen Fast Food oder Fertiggerichte, er lebt nach dem Motto „Essen und Kochen muss funktionieren". Fleisch steht häufig am Speiseplan des Fitness-Typs.

3.2.1.2 Kundenzufriedenheit in der Gemeinschaftsverpflegung

Neben der Definition der Zielgruppe ist auch die Kundenzufriedenheitsanalyse ein zentraler Bestandteil von Veränderungsprozessen. Das Ziel einer Zufriedenheitsanalyse ist es, das Angebot aus Kundenperspektive zu analysieren, um Schwachstellen und Verbesserungsmöglichkeiten zu erkennen (Kerth et al. 2011, S. 41).

Zufriedenheit beschreibt eine Form der Einstellung von Kunden. Für Betriebe der Gemeinschaftsverpflegung ist es wichtig, dass die Bedürfnisse der Restaurantbesucher befriedigt werden, da sich die Kundenzufriedenheit auf das Verhalten der Gäste auswirkt. Im Fall einer hohen Kundenzufriedenheit steigen die Wahrscheinlichkeit des Wiederbesuchs, die Bereitschaft zu Zusatzkäufen, die Zahlungsbereitschaft sowie die Wahrscheinlichkeit zur Weiterempfehlung (Homburg und Krohmer 2006, S. 45 f.). Es empfiehlt sich daher, die Kundenzufriedenheit regelmäßig zu kontrollieren (Kotler et al. 2011, S. 305).

Das Zufriedenheitsurteil von Kunden setzt sich aus verschiedenen Komponenten zusammen. Im Projekt „UMBESA" wurden die Kunden nach folgenden Qualitätskriterien befragt:

- Angebot und Auswahl (z. B. Angebot an leichten Gerichten, Abwechslung, Vielfalt)
- Engagement der Mitarbeiter (z. B. Freundlichkeit, Servicequalität, Reaktion bei Sonderwünschen)
- Qualität der Speisen (z. B. Geschmack, Gesundheit, Frische, Aussehen, Würze)
- Restaurant allgemein (z. B. Einrichtung, Wartezeiten, Sauberkeit, Stimmung)

Die Ergebnisse der Kundenzufriedenheitsanalyse im Rahmen des Projekts „UMBESA" werden in Abschn. 3.2.3 näher diskutiert.

3.2.2 Ableitung von Maßnahmen

Das Abbild des Ist-Zustands, konkret die gewonnenen Informationen zu Zielgruppe und Kundenzufriedenheit, bildet die Basis für die Ableitung von Maßnahmen. Die Daten müssen ausgewertet und ein Maßnahmenkatalog muss erstellt werden. Im Fokus der Maßnahmen stehen die Bedürfnisse der Konsumenten (Kerth et al. 2011, S. 45). Beispiele für Maßnahmen aus dem Projekt „UMBESA" sind:

- Erhöhung des Anteils biologischer, regionaler und saisonaler Produkte
- Mehr Angebot an frischen Gerichten
- Einrichtung eines Nudelbuffets oder einer Wok-Ecke
- Erweiterung des Salatbuffets
- Optimierung der Portionsgrößen
- Ersatz einzelner Zutaten durch biologische oder regionale Produkte
- Optimierung des Fleischeinsatzes
- Sensibilisierung für Nachhaltigkeit
- Informationen zum Speisenangebot (z. B. Lebensmittelherkunft, Zubereitung)
- Informationen zum Projekt „UMBESA" (z. B. Poster, Tischkarten, Infostände)

Die Veränderungsmaßnahmen waren von Küche zu Küche sehr unterschiedlich. Auf Basis der Analyse der Zielgruppe konnte festgestellt werden, für welche Veränderungen die Kunden bereit sind und welche Erwartungen sie an das Betriebsrestaurant haben. So haben teilnehmende Betriebsküchen, deren Kunden dem „Fast-Food-Typen" entsprechen, einzelne Zutaten ersetzt und die Kunden in Form von Aufklärungskampagnen für die Bedeutung nachhaltiger Speisepläne sensibilisiert. Dagegen haben Betriebe mit einem hohen Anteil an „Idealisten" ganze Bio-Menüs angeboten.

3.2.3 Kontrolle und Maßnahmenevaluierung

Nach der Analyse der Ausgangssituation und der Ableitung und Implementierung von Maßnahmen stellt sich die Frage, wie die Veränderungen von den Gästen wahrgenommen werden. Wie hat sich im Fall von „UMBESA" die Kundenzufriedenheit durch die nachhaltigere Gestaltung der Speisepläne entwickelt?

Die Kontrolle von Maßnahmen spielt in Veränderungsprozessen eine zentrale Rolle. Wie bereits erwähnt empfiehlt es sich, die Zufriedenheit der Kunden regelmäßig zu kontrollieren (Kotler et al. 2011, S. 305). Es gibt verschiedene Kontrollinstrumente, die zur Evaluierung von Maßnahmen eingesetzt werden können. Eine Möglichkeit ist Marktforschung, beispielsweise in Form einer Kundenzufriedenheitsbefragung (Diller 2007, S. 434). Die Vorgehensweise bei einer Befragung wurde bereits diskutiert.

Entwicklung der Kundenzufriedenheit unter besonderer Berücksichtigung der Umsetzung nachhaltiger Speisepläne

Im Rahmen von „UMBESA" wurde im Jahr 2014 zu Kontrollzwecken eine weitere Befragung in den teilnehmenden Betrieben durchgeführt. Um die Vergleichbarkeit zur ersten Studie zu gewährleisten, wurde der gleiche Fragebogen wie im Jahr 2013 verwendet. 2014 wurden zusätzlich Fragen zu den Veränderungen in den Restaurants eingebaut (z. B. „Ganz allgemein, haben Sie in dieser Küche im letzten Jahr eine Veränderung festgestellt?"). 2014 nahmen in Summe 804 Auskunftspersonen an der Umfrage teil. Zum besseren Verständnis der Ergebnisse zeigt Tab. 3.3 die Struktur der Stichproben der Befragungen. Die Stichproben spielen eine wichtige Rolle für die Vergleichbarkeit der beiden Studien.

Zunächst wurde die Besuchsfrequenz seit der Veränderung der Speisepläne untersucht. Wie Abb. 3.3 verdeutlicht, zeigte schon die Befragung 2013 eine hohe Besuchsfrequenz in den Betriebsküchen. 71 % gaben an, das Restaurant mindestens dreimal pro Woche oder öfter zu besuchen. Die Besuchsfrequenz hat sich 2014 im Vergleich zu 2013 erhöht, 46 % der Auskunftspersonen gaben an, das Restaurant drei- bis viermal pro Woche zu besuchen, 37 % mindestens fünfmal pro Woche. Die Entwicklung der Besuchsfrequenz kann nicht nur auf die Speiseplangestaltung zurückgeführt werden, ist aber in jedem Fall positiv zu beurteilen. Durch die zentrale Lage der meisten teilnehmenden Organisationen und die

Tab. 3.3 Soziodemografisches Profil der Stichproben. (Eigene Darstellung)

	Befragung 2013 ($n=765$) (%)	Befragung 2014 ($n=804$) (%)
Geschlecht		
Männlich	49,7	60,7
Weiblich	50,3	39,3
Alter		
bis 19 Jahre	16,4	9,1
20 bis 29 Jahre	12,2	14,3
30 bis 39 Jahre	15,7	15,4
40 bis 49 Jahre	28,4	30,6
50 Jahre und älter	27,3	30,6
Ausbildung		
Universität	26,9	30,2
Maturaabschluss	25,2	24,4
Berufsbildende Schule	15,6	12,8
Lehrabschluss	12,7	16,9
Pflichtschulabschluss	13,1	7,7
Sonstiges	6,5	8,0
Berufstätigkeit		
Angestellte/r, Arbeiter/in, Beamter/in	77,8	86,7
Schüler/in, Student/in	17,1	5,3
Präsenzdiener	2,6	5,5
Sonstiges	2,5	2,5

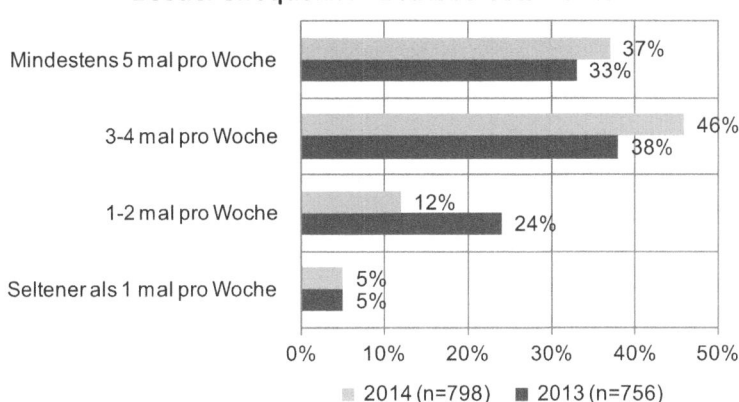

Abb. 3.3 Besuchsfrequenz in Betriebsrestaurants. (Eigene Darstellung)

ausgezeichnete Infrastruktur in unmittelbarer Nähe, hätten viele Auskunftspersonen die Möglichkeit, ihr Mittagessen auch außerhalb ihres Betriebes einzunehmen.

Die Zufriedenheit hat sich von 2013 bis 2014 ebenfalls positiv entwickelt. Abbildung 3.4 zeigt die Gesamtzufriedenheit mit den Betriebsrestaurants sowie die Zufriedenheit mit den Bereichen Küchenpersonal, Atmosphäre im Restaurant, Qualität der Speisen und Speisenauswahl. Die Zufriedenheit ist durch die Veränderung der Speisepläne in allen Bereichen gestiegen und somit höher als im Jahr 2013.

Dass die Veränderungen gering sind, war zu erwarten. Einerseits ist dies auf den knappen Zeitraum von zwölf Monaten zwischen den zwei Befragungen zurückzuführen, andererseits haben die teilnehmenden Betriebsküchen die nachhaltigere Gestaltung der Speisepläne mit unterschiedlicher Intensität verfolgt, was, wie bereits erwähnt, an den unterschiedlichen Zielgruppen liegt. Abbildung 3.5 zeigt die Veränderung der Gesamtzufriedenheit seit der ersten Befragung 2013 sortiert nach den teilnehmenden Betriebs-

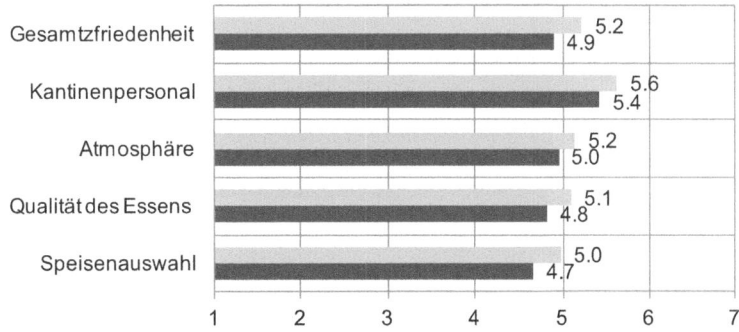

Abb. 3.4 Zufriedenheit in Betriebsrestaurants. (Eigene Darstellung)

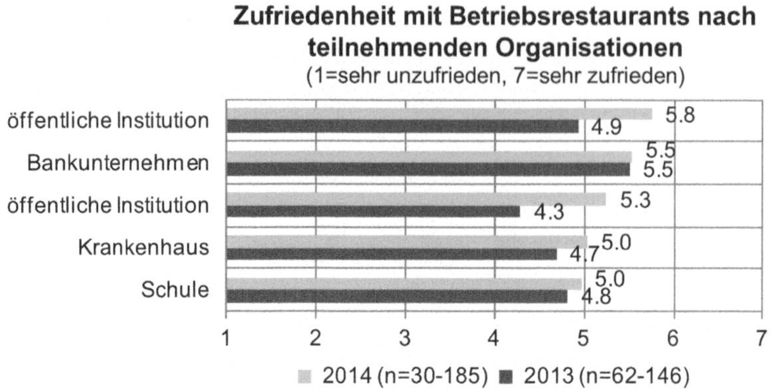

Zufriedenheit mit Betriebsrestaurants nach teilnehmenden Organisationen
(1=sehr unzufrieden, 7=sehr zufrieden)

öffentliche Institution — 4.9 / 5.8
Bankunternehmen — 5.5 / 5.5
öffentliche Institution — 4.3 / 5.3
Krankenhaus — 4.7 / 5.0
Schule — 4.8 / 5.0

1 2 3 4 5 6 7

▨ 2014 (n=30-185)   ■ 2013 (n=62-146)

Abb. 3.5 Zufriedenheit mit Betriebsrestaurants nach teilnehmenden Organisationen. (Eigene Darstellung)

restaurants. Die Gesamtzufriedenheit der Gäste mit dem Angebot hat sich durch die Veränderungsmaßnahmen in allen teilnehmenden Organisationen verbessert.

Wie das Angebot an biologischen, regionalen und saisonalen Gerichten und der verstärkte Einsatz frischer Lebensmittel die Zufriedenheit erhöhen können, verdeutlicht folgendes ausgewählte Fallbeispiel:

Die teilnehmende Küche setzte auf Basis der Zielgruppenanalyse 2013 gezielte Maßnahmen um und gestaltete die Speisepläne nachhaltiger. Der Fleischeinsatz wurde überdacht, die Zutaten optimiert, der Anteil an biologischen und regionalen Produkte erhöht, saisonale Menüs angeboten und das Projekt „UMBESA" aktiv vorgestellt.

Voraussetzung für die erfolgreiche Angebotsentwicklung war (und ist) neben der Überzeugung der Küchenleitung der systematische Veränderungsprozess. Wie Abb. 3.6 verdeutlicht, hat sich die nachhaltigere Speiseplangestaltung auf die Kundenzufriedenheit

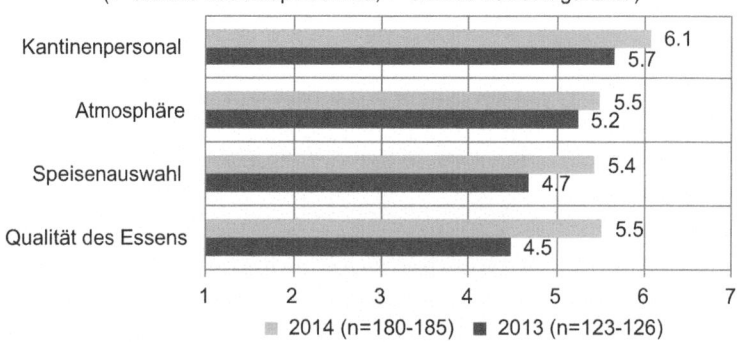

Fallbeispiel: Insgesamt bin ich mit … sehr zufrieden
(1=stimme überhaupt nicht zu, 7=stimme voll und ganz zu)

Kantinenpersonal — 6.1 / 5.7
Atmosphäre — 5.5 / 5.2
Speisenauswahl — 5.4 / 4.7
Qualität des Essens — 5.5 / 4.5

1 2 3 4 5 6 7

▨ 2014 (n=180-185)   ■ 2013 (n=123-126)

Abb. 3.6 Fallbeispiel: Zufriedenheit nach Teilbereichen des Betriebsrestaurants. (Eigene Darstellung)

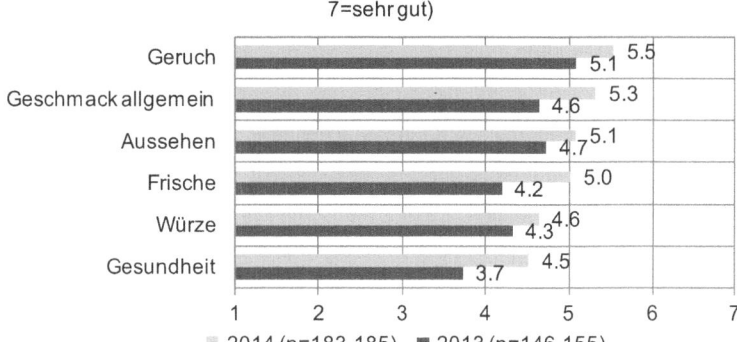

Abb. 3.7 Fallbeispiel: Beurteilung von Qualitätskriterien von Speisen. (Eigene Darstellung)

ausgewirkt. Vor allem die Bewertung der Speisenauswahl und der Qualität des Essens haben sich im Vergleich zur Befragung 2013 verbessert.

Die Maßnahmen wurden von den Restaurantbesuchern wahrgenommen und die Qualitätssteigerung trug zur Erhöhung der Zufriedenheit bei. Vor allem die Qualitätskriterien Gesundheit, Frische und Geschmack werden, wie in Abb. 3.7 veranschaulicht, 2014 besser beurteilt als 2013.

Aber auch die übrigen Aspekte wie Geruch, Aussehen und Würze werden besser bewertet. Die Zielgruppenanalyse 2013 hat gezeigt, dass die Kunden eine hohe Qualität fordern und ein großes Interesse an einer gesunden und ausgewogenen Ernährung haben. Durch die Umsetzung von Maßnahmen wurde die Zufriedenheit der Restaurantbesucher innerhalb von zwölf Monaten gesteigert. 2014 haben sich in dieser Betriebsküche 185 Personen an der Umfrage beteiligt, 73 % davon gaben an, in den letzten zwölf Monaten eine Veränderung im Restaurant festgestellt zu haben. Eine Erhöhung des Angebots an biologischen, regionalen und saisonalen Speisen, eine Verbesserung der allgemeinen Qualität und eine Verbesserung der Informationen rund um das Speisenangebot wurden auf die Frage, welche Veränderungen bemerkbar sind, am häufigsten geantwortet.

3.2.4 Zusammenfassung

Die Veränderung der Speisepläne war bei allen teilnehmenden Betriebsküchen erfolgreich. Wesentliche Voraussetzungen dafür waren das Engagement und die Überzeugung der Küchenleitungen.

Zunächst wurde die Ausgangssituation analysiert. Dabei wurden durch eine Befragung von Kunden Informationen zu den Zielgruppen und zur Kundenzufriedenheit erhoben. Im Anschluss wurden auf Ebene der einzelnen Betriebe Maßnahmen definiert und schrittweise implementiert.

Um die Veränderungen in den Betriebsrestaurants zu evaluieren, folgte eine zweite Befragung. Der „Vorher-Nachher-Vergleich" hat gezeigt, dass die Zufriedenheit der Kunden durch die systematische Veränderung der Speisepläne und den verstärkten Einsatz biologischer, regionaler und saisonaler Produkte in allen teilnehmenden Organisationen gestiegen ist.

Sowohl die Besuchsfrequenz als auch die Zufriedenheiten haben sich positiv entwickelt. Es kann festgehalten werden, dass Veränderungsprozesse systematisch erfolgen und auf die Bedürfnisse der Zielgruppe abgestimmt werden müssen. Die Befragungen wie auch die Analyse der Leuchtturmprojekte verdeutlichen, dass nachhaltige Produkte und Gerichte in der Gemeinschaftsverpflegung nachgefragt werden, allerdings sind die Motive der Konsumenten dafür unterschiedlich und müssen bei der Angebotsgestaltung beachtet werden.

Literatur

Diller H (2007) Grundprinzipien des Marketing, 2. Aufl. GIM, Nürnberg

Homburg C, Krohmer H (2006) Marketingmanagement, 2. Aufl. Gabler, Wiesbaden

Kerth K, Asum H, Stich V (2011) Die besten Strategietools in der Praxis, 4. Aufl. Hanser, München

Kotler P, Armstrong G, Wong V, Saunders J (2011) Grundlagen des Marketing, 5. Aufl. Pearson, München

Kotter J (1996) Leading change. Wie Sie Ihr Unternehmen in acht Schritten erfolgreich verändern. Vahlen, München

Mayring P (2010) Qualitative Inhaltsanalyse. Grundlagen und Techniken. Beltz Verlag, Weinheim

Schaetzing E (2009) Management in Hotellerie und Gastronomie, 8. Aufl. Deutscher Fachverlag, Frankfurt a. M.

Schrand A, Schlieper T (2008) Informationsgrundlagen und Entscheidungsrahmen. In: Hänssler K (Hrsg) Management in der Hotellerie und Gastronomie, 7. Aufl. Oldenbourg, München, S209–222

Wolf K (2005) Gastgewerbliche Betriebslehre. Matthaes, Stuttgart

Wolf K, Heckmann R (2008) Marketing für Hotellerie und Gastronomie. Matthaes, Stuttgart.

Gastronomie und Culinary Tourism

4

Daniela Wagner

4.1 Gastronomie als zentrales Element in der Tourismusindustrie

Essen ist ein integrales Element des täglichen Lebens und nimmt auch eine bedeutende Rolle in der Kultur eines Landes ein. Verschiedene Aspekte von Essen beeinflussen die Identität einer Destination, Region oder eines Landes, haben Auswirkungen auf den Anbau, die Produktion und die Konsumation von Nahrungsmitteln und die Frage der Nachhaltigkeit.

Im Tourismus war und ist die Gastronomie durch die Konsumation von Speisen und Getränken seit jeher Bestandteil touristischer Erscheinungsformen. Über lange Zeit jedoch wurde die Konsumation von Speisen und Getränken während einer Urlaubsreise lediglich als bloße Zurverfügungstellung für Touristen in Restaurants und Hotels betrachtet. Erst Ende der 1990er-Jahre hat sich diese Wahrnehmung dahingehend geändert, als die Gastronomie immer mehr als unverzichtbares Element der Kultur und Identität einer Destination oder Region wahrgenommen wird (Gaztelumendi 2012, S. 10; Boniface 2003, S. 14; Du Rand und Heath 2006, S. 208).

Gastronomie verkörpert all jene Werte, die auch mit aktuellen touristischen Trends korrespondieren: beispielsweise „Respekt vor Kultur und Tradition, gesunder Lebensstil, Authentizität, Nachhaltigkeit, Erlebnisse" (Gaztelumendi 2012, S. 10).

Umgekehrt dient Gastronomie bzw. dienen gastronomische Leistungen als touristisches Differenzierungsmerkmal, als Treiber für lokale wirtschaftliche Entwicklung und als Integrationselement für verschiedene Akteure (z. B. Nahrungsmittelerzeugung, Landwirtschaft, Küchenchefs, Märkte) (Gaztelumendi 2012, S. 10; Long 2012, S. 393).

D. Wagner (✉)
Wien, Österreich
E-Mail: daniela.wagner@fh-wien.ac.at

© Springer Fachmedien Wiesbaden 2015
K.-P. Fritz, D. Wagner (Hrsg.), *Forschungsfeld Gastronomie,*
Forschung und Praxis an der FHWien der WKW, DOI 10.1007/978-3-658-05195-2_4

Die Tourismusindustrie hat erst relativ spät begonnen, die Konsumation von Speisen und Getränken während einer Urlaubsreise als zentrales Element touristischer Produkte zu betrachten. Anfang der 2000er-Jahre wurden in der Tourismusbranche erstmals gastronomische Reiseprodukte angeboten (Touren zu bekannten Restaurants oder Verkostungen in bestimmten Regionen, später auch eigene kulinarische Reisen). Reiseführer und Reiseunterlagen haben ebenfalls verstärkt die Konsumation von Speisen und Getränken ins Zentrum gerückt. Diese beinhalten Bildmaterial, Landkarten sowie kulturelle und historische Informationen, um den Lesern die Möglichkeit zu geben, mehr über die Esskultur einer Destination oder Region zu erfahren (Long 2012, S. 394).

4.2 Gastronomie und Tourismus in der Wissenschaft

Auch die akademische Welt hat letztlich die Bedeutung der Gastronomie als touristisches Produkt erkannt und sich ab Ende der 1990er-Jahre bzw. Anfang der 2000er-Jahre verstärkt auch wissenschaftlich mit dem Thema auseinandergesetzt (Hjalager und Richards 2002; Hall et al. 2003; Cohen und Avieli 2004; Long 2004).

Die touristische Konsumation von Speisen und Getränken ist auch immer mit einem Zusammentreffen unterschiedlicher Kulturen verbunden. Wissenschaftliche Untersuchungen dazu befassen sich mit der Frage, inwieweit Esskultur zum kulturellen Verständnis einer Gesellschaft beiträgt (Beer et al. 2002) und welchen Einfluss die weltweite Globalisierung darauf hat (Hall und Mitchell 2002; Mak et al. 2012).

Die Tatsache, dass kulinarische Spezialitäten auch die Kultur eines Landes repräsentieren, machen sie zum idealen Produkt für die Vermarktung einer Region oder Destination (Hjalager und Richards 2002; Cohen und Avieli 2004; Hall und Sharples 2003; Du Rand und Heath 2006; Ottenbacher und Harrington 2013). Die Kombination von Gastronomie und Tourismus gilt auch als bedeutender Treiber für die (land-)wirtschaftliche Entwicklung einer Destination oder Region (Hjalager und Corigliano 2000; Beer et al. 2002; Eastham 2003; Long 2004; Kivela und Crotts 2006; Simonetti 2012).

Rund ein Drittel der touristischen Gesamtausgaben entfällt auf die Konsumation von Speisen und Getränken (Kim et al. 2009, S. 424; Fandos Herrera 2012, S. 7). Daraus lässt sich ableiten, dass für Touristen kulinarische Motive eine nicht unbedeutende Rolle bei der Auswahl der Reisedestination spielen. Die Motivation, während des Urlaubs kulinarische Spezialitäten einer Destination/Region zu konsumieren, kann nach Fields (2002, S. 37 ff.) in vier Kategorien eingeteilt werden:

Die erste Kategorie umfasst die „*physikalischen Motivatoren*". Der Akt des Essens ist grundsätzlich ein Prozess, der einerseits im Körper eines Menschen abläuft (Verdauung), andererseits aber auch über die Sinne (Sehen, Riechen, Schmecken) wahrgenommen wird. Die physikalischen Motivatoren stehen in einem starken Zusammenhang mit den Bedürfnissen, die im Alltag nicht oder nur schwer erfüllt werden können, wie größtmögliche Entspannung, Klimaveränderung, die Möglichkeit, neue kulinarische Spezialitäten zu entdecken, oder gesundheitliche Überlegungen (einerseits Gewichtreduktion, andererseits körperliche Fitness durch sportliche Betätigung).

In die zweite Kategorie fallen *„kulturelle Motivatoren"*, die implizieren, dass mit dem Kennenlernen und Entdecken landes- oder regionstypischer kulinarischer Spezialitäten gleichermaßen auch das Kennenlernen und Entdecken einer neuen Kultur verbunden ist.

„Soziale Motivatoren" beziehen sich auf den Wunsch, während eines Urlaubsaufenthaltes neue Kontakte zu knüpfen und/oder Zeit mit der Familie und Freunden zu verbringen. Essen und Trinken während des Urlaubs bieten eine Vielzahl an Möglichkeiten, neue soziale Beziehungen aufzubauen oder vorhandene zu festigen.

Die vierte Kategorie beinhaltet *„Status- und Prestigemotivatoren"* und bezieht sich auf den Wunsch nach Aufmerksamkeit und Beachtung. Im kulinarischen Kontext bedeutet dies, dass touristische Konsumation auch als soziales Differenzierungsmerkmal gilt.

Die Auswahl der Urlaubsdestination, die Entscheidung, wo und wie während des Urlaubs Speisen und Getränke konsumiert werden, ist abhängig vom jeweiligen Lebensstil der Touristen, lässt aber auf die Vorlieben und damit auch auf den Status des Einzelnen schließen (Chang et al. 2010; Kim et al. 2009). Touristische kulinarische Vorlieben bzw. Präferenzen werden definiert als „tourist's expressed choice between two or more food items available in the destination" (Chang et al. 2010, S. 990). Zusätzlich zu den zuvor genannten Motivationsfaktoren hat auch die Nationalität Einfluss auf die kulinarischen Präferenzen von Touristen (Cohen und Avieli 2004, S. 775; Chang et al. 2010, S. 991).

Hall und Sharples (2003, S. 9 f.) unterscheiden in Bezug auf die touristische Konsumation zwischen Touristen, a) deren Reiseentscheidung und in weiterer Folge auch deren Reiseverhalten durch ein konkretes kulinarisches Interesse beeinflusst wird, und b) jenen, die die Konsumation von Speisen und Getränken als gewöhnlichen Bestandteil ihres Reiseerlebnisses verstehen.

4.3 Kulinarische Konsumation im touristischen Kontext – multiple Begriffsdefinitionen

Stellen Essen und Trinken das primäre Reisemotiv dar, sprechen Hall und Sharples (2003, S. 11) von *„Gourmet Tourism"*, *„Gastronomic Tourism"* und *„Cuisine Tourism"*. Allen drei Formen gemeinsam ist ein großes Interesse an konkreten kulinarischen Aktivitäten; das primäre Reisemotiv sind kulinarische Erlebnisse, etwa der Besuch eines bestimmten Restaurants, einer kulinarischen Region oder eines Weinguts. Bilden kulinarische Aktivitäten ein sekundäres Motiv, das heißt, wenn kulinarische Elemente zwar wichtig sind und in die Reiseentscheidung einfließen, aber nicht die einzige bzw. nicht die wichtigste Komponente des Entscheidungsprozesses darstellen, ordnen Hall und Sharples (2003, S. 11) dies als *„Culinary Tourism"* ein. Touristen, die dieser Gruppe zugerechnet werden, haben ein gemäßigtes Interesse an kulinarischen Erlebnissen; sie werden am Urlaubsort im Zuge anderer Aktivitäten mitkonsumiert (z. B. der Besuch eines lokalen Marktes, eines Festivals, eines Restaurants oder eines Weinguts). *„Rural"* bzw. *„Urban Tourism"* umfasst nach Hall und Sharples (2003, S. 11) die dritte Gruppe, wo nur ein geringes bis kein Interesse an konkreten kulinarischen Aktivitäten besteht. Hier erfolgt der Besuch eines Restaurants entweder zufällig, mit der Intention, etwas Neues zu sehen, oder schlicht aus dem Bedürfnis heraus, etwas essen zu wollen.

„*Gourmet Tourism*" hat etymologisch seinen Ursprung in Frankreich, wo mit dem Wort „*Gourmet*" ein Weinkenner bezeichnet wird. Im allgemeinen Sprachgebrauch wird heute darunter auch ein Feinschmecker verstanden, der in erster Linie qualitativ hochwertige Luxusprodukte präferiert und dafür auch gerne verreist (Matlovičová und Pompura 2013, S. 131).

„*Gastronomy Tourism*" oder „*Gastronomic Tourism*" stimuliert die Sinne, vor allem den Geschmackssinn, stellt einen kulturellen Wert dar und ist Ausdruck des sozialen und kulturellen Kapitals einer Destination/Region (López-Guzmán und Sánchez-Cañizares 2012, S. 63).

Fandos Herrera et al. (2012, S. 7) versuchen eine Konkretisierung des Begriffs, vor dem Hintergrund, das sich dieses Segment stark entwickelt und – wenn man den Anteil der Konsumation in Relation zu den touristischen Gesamtausgaben betrachtet – wirtschaftlich große Bedeutung hat. Sie verstehen „*Gastronomic Tourism*" als eine Form, wo „tourists and visitors [...] plan their trips partially or totally in order to taste the cuisine of the place or to carry".

Im englischen Sprachraum wird als Überbegriff für Erklärungen rund um die touristische Konsumation von Speisen und Getränken zumeist der Terminus „*Food Tourism*" verwendet. Eine einheitliche Definition für diese Form des Tourismus existiert nicht. „*Culinary Tourism*", „*Gastronomic Tourism*", „*Gourmet Tourism*" oder „*Cuisine Tourism*" werden als Ausprägungen davon betrachtet (Hall und Sharples 2003, S. 10) oder auch synonym mit dem Begriff „*Food Tourism*" verwendet (Okumus et al. 2007, S. 255).

Hall und Sharples (2003, S. 10) legen in ihrer Begriffserklärung den Fokus auf den Grad der Ausprägung der kulinarischen Motivation und definieren „Food Tourism" als „visitation to primary and secondary food producers, food festivals, restaurants and specific locations for which food tasting and/or experiencing the attributes of specialist food production region are the primary motivating factor for travel."

Tikkanen (2007, S. 725) ist der Ansicht, dass diese Definition nicht alle Aspekte abdeckt, und erachtet in einem breiter gefassten Verständnis „Food Tourism" als „a part of local culture which tourists consume; a part of tourism promotion; a potential component of local agricultural and economic development; and a regional factor affected by the consumption patterns and perceived preferences of the tourists".

Du Rand und Heath (2006, S. 210) versuchen ebenfalls in einem breiter gefassten Begriffsverständnis viele Aspekte abzudecken, nehmen aber einen anderen Standpunkt ein und betonen insbesondere das sinnliche Erleben. Aus ihrer Perspektive ist diese Form „a compilation of products and services [...] an amalgam of natural features, culture, services, infrastructure, access, attitudes towards tourists and uniqueness. It can enhance the total experience of the destination even further as it is the only product that can be experienced using all human senses, therefore deepening the tourism experience even more."

Kivela and Crotts (2006, S. 356) führen dazu aus, dass die Definition für „Food Tourism" auch immer auf Getränke anzuwenden ist. Vom touristischen Standpunkt aus betrachtet ist dies insbesondere in Bezug auf den Weintourismus interessant. Wein kann ebenso wie kulinarische Spezialitäten sowohl ein primäres als auch ein sekundäres Motiv für den Besuch einer Region darstellen. Weintourismus, der primär motiviert ist, ist stets mit dem Besuch einer Weinregion gekoppelt (Bitsani und Kavoura 2012, S. 304).

In der deutschen Sprache existiert zum Terminus „*Food Tourism*" kein entsprechendes Pendant, am ehesten entspricht ihm der Begriff des „*kulinarischen Tourismus*". Diese Formulierung kommt in der deutschsprachigen Literatur fast ausschließlich zur Anwendung, manchmal wird der Begriff „*gastronomischer Tourismus*" verwendet, in seltenen Fällen „*Gourmet Tourismus*" (Binder 2009, S. 11).

„Kulinarischer Tourismus zeichnet sich durch das Erleben der Ess- und Trinkkultur in einer touristischen Destination aus" (Eitzenberger et al. 2014). Im engeren Sinne sind kulinarische Erlebnisse das Hauptreisemotiv, im weiteren Sinne stellten diese lediglich ein Teilmotiv dar (Eitzenberger et al. 2014).

Die Definition von Eitzenberger et al. entspricht im Wesentlichen der Definition von „*Food Tourism*" nach Hall und Sharples (2003). Ignatov und Smith (2006, S. 238) vertreten den Standpunkt, dass „*Culinary Tourism*" im Gegensatz zu Food Tourism den geeigneteren Begriff darstellt. Diese Form des Tourismus bezieht sich anders als Food Tourism nicht nur auf die Speisen alleine, sondern inkludiert auch die Zubereitungsmethoden, die Konsumation und den sozialen Kontext (Wissen über die Identität der besuchten Region, die Menschen, die dort leben, deren Kultur und Traditionen). Long (2004, S. 21.) bestärkt diese These und beschreibt „*Culinary Tourism*" – als eine Form, neue Kulturen zu entdecken und kennenzulernen: „the intentional, exploratory participation in the foodways of an other – participation including the consumption, preparation, and presentation of a food item, cuisine, meal system, or eating style considered to belong to a culinary system not one's own".

Der in ihrer Definition verwendete englische Terminus "*foodway*" umfasst das gesamte Netzwerk an physikalischen, kulturellen, sozialen, wirtschaftlichen, sinnlichen und ästhetischen Aktivitäten, die mit der Produktion, Zubereitung und Konsumation von Speisen und Getränken in Zusammenhang stehen.

4.4 Das Konzept Culinary Tourism

Long's Definition von „*Culinary Tourism*" fußt auf dem Konzept der Andersartigkeit.

Touristen suchen im Urlaub Gegenwelten vom Alltag, Veränderung und neue Erfahrungen (Smith 1989; Urry 2002). Mit dem Konzept des Culinary Tourism wird dies umfassend ermöglicht. Neues und Fremdartiges wird mit allen Sinnen (Schmecken, Riechen, Fühlen, Sehen) erlebbar (Gyimóthy und Mykletun 2009, S. 261 f.).

Zudem ist der Tourist, anders als beim Sightseeing, nicht mehr nur bloßer Beobachter, sondern aktiver Teilnehmer. Eine Rolle spielt auch die Tatsache, dass die Entscheidung in den Urlaub zu fahren, immer eine freiwillige ist. Dieses freiwillige Einlassen auf etwas Neues, Unbekanntes impliziert bereits eine grundsätzliche Offenheit und Neugierde. Tourismus schafft neue Erfahrungen und Erlebnisse und hilft dabei den Reiz des Unbekannten zu befriedigen. Fremdartige, unbekannte Speisen und Getränke wecken Neugierde. Im

Vordergrund steht der Spaß am Entdecken und Ausprobieren, unabhängig davon, ob die verkosteten Speisen und Getränke auch tatsächlich schmecken (Long 2004, S. 21 ff.).

Die Grenzen werden dort gezogen, wo Speisen und Getränke als nicht genießbar erachtet werden. Wann dies der Fall ist, hängt von der persönlichen Perspektive ab. Diese wiederum wird durch verschiedene Faktoren wie Kultur, regionale Zugehörigkeit, Zeit, Ethos/Religion, sozioökonomische Zuordnung, Emotionen, Geschlecht und Alter beeinflusst (Long 2004, S. 22; Gyimóthy und Mykletun 2009, S. 261 f.).

Die Kultur eines Landes/einer Destination und die nationale und ethnische Zugehörigkeit (s. Abschn. 4.2) der Bevölkerung ist wohl das stärkste Unterscheidungsmerkmal zwischen den jeweiligen kulinarischen Gepflogenheiten und Besonderheiten (Chen 2012, S. 428 f.). Je entfernter, desto höher ist die Wahrscheinlichkeit, dass die Kulinarik eines Landes/einer Destination als fremdartig wahrgenommen wird. Gleichzeitig ist es aber auch der Bereich in dem „Culinary Tourism" am stärksten verortet ist. Zahlreiche „Produkte" (Kochbücher, Kochkurse, Kochsendungen im TV, Restaurants, welche sich auf die Kulinarik eines Landes spezialisiert haben) vermitteln uns einerseits die Internationalität des Essens und Trinkens und andererseits die kulinarische Besonderheiten und Gepflogenheiten diverser Kulturen (Long 2004, S. 24).

Die regionale Zugehörigkeit ist ein weiteres Differenzierungsmerkmal unterschiedlicher kulinarischer Systeme innerhalb eines Landes. Regionale Kulturräume werden von der lokalen Bevölkerung aufgrund spezifischer natürlicher Gegebenheiten genutzt und bearbeitet. In den einzelnen Kulturen entstehen so ganz spezifische, regionale, kulinarische Netzwerke (engl. foodways, s. Abschn. 4.3), welche die Besonderheiten der jeweiligen Region hervorheben (Long 2004, S. 24; Hall und Mitchell S. 82 ff.; Mandelblatt 2012, S. 154 f.).

Zeit als Differenzierungsmerkmal bezieht sich auf fremdartige Speisen und Getränke aus Vergangenheit und Zukunft (Long 2004, S. 26). Historische Quellen beispielsweise bieten zahlreiche Möglichkeiten unbekannte kulinarische Besonderheiten und Gepflogenheiten kennenzulernen (z. B. historisch überlieferte Rezepte und Kochbücher). Museale Einrichtungen sammeln, dokumentieren, erhalten und präsentieren historisches Wissen über Produktion, Lagerung, Distribution, Zubereitung und Konsumation von Speisen und Getränken. Für den Tourismus ist gerade die Inszenierung dieses Wissens von Interesse (z. B. Verkostungen historischer Speisen und Getränke oder „living history sites" (Plätze, wo das Alltagsleben – und damit verbunden auch die Kulinarik – vergangener Kulturen dargestellt und erlebbar gemacht werden) (Long 2004, S. 26 f.; Green 2012, S. 81 ff.).

Futuristische Produkte und Verarbeitungsmethoden vermitteln einen Einblick in neuartige und möglicherweise zukünftige Ernährungsformen (z. B. Astronautennahrung, Nahrung in Tablettenform). Zeit kann sich aber auch auf fremdartige kulinarische Besonderheiten an Feiertagen bzw. bei religiösen oder kulturellen Festen beziehen. Einige sind untrennbar mit einzelnen Speisen (Geburtstagstorte mit Kerzen, Kekse und Lebkuchen in der Weihnachtszeit, Truthahn zu Thanksgiving), Zubereitungsmethoden (Färben von Ostereiern, Zubereitung von Tamale während der Weihnachtszeit im Südwesten der USA) bzw. einem spezifischen Konsumationsverhalten (Familienessen zu Thanksgiving, Osterjause) verbunden (Long 2004, S. 26 ff.; Österreich Werbung 2014).

Religion und Ethos beeinflussen Ernährungspräferenzen durch religiöse Vorschriften, Tabus und spezifische Zubereitungsmethoden, wie beispielsweise im Judentum, dem Islam, dem Hinduismus, dem Buddhismus oder verschiedenen anderen Religionen. Bei kirchlichen Festen und Veranstaltungen religiöser Gruppen werden bestimmte Speisen und Getränke – durchaus auch in einem touristischen Kontext – dazu genutzt, Wissen über die betreffende Religion zu vermitteln (Long 2004, S. 29; Ankeny 2012, S. 463; Norman 2012, S. 412 ff.).

Ethos zeigt sich in der Ernährung durch ein konkretes, wertegesteuertes Konsumationsverhalten (Vegetarismus, Veganismus, Fragen der Diätetik, biologische Lebensmittel). Touristen können diese Ernährungsformen in vielfältiger Weise kennenlernen (vegetarische/vegane Gerichte, vegetarische/vegane Restaurants) (Ankeny 2012, S. 462 ff.).

Soziale Klasse kann dann zum Differenzierungsmerkmal werden, wenn einzelne soziale Gruppen innerhalb der Gesellschaft, kulinarische Netzwerke, abseits des Mainstream, etablieren und damit bei den kulinarischen Touristen wieder Neugierde und Interesse wecken, diese Besonderheiten kennenzulernen (Long 2004, S. 31). Dazu zählen beispielsweise die kulinarischen Gepflogenheiten der Arbeiterklasse im Süden der USA oder des „Mountain Food" (ungewöhnliche Zutaten, wie Maismehl und Dattelpflaumen in der Küche der Bevölkerung in den Appalachian Mountains im Raum West Virgina, USA) (Davidson 2013, S. 15, 25; Long 2004, S. 31).

Geschlecht und Alter stellen auch Differenzierungsmöglichkeiten dar, spielen aber als Einflussfaktoren auf die individuellen Ernährungspräferenzen keine bedeutende Rolle (Long 2004, S. 31).

Welche Speisen und Getränke ein kulinarischer Tourist entdecken, kosten und konsumieren möchte, hängt nach Long (2004, S. 32) auch noch von drei weiteren Bereichen ab, nämlich ob Speisen und Getränke als

a. exotisch
b. genießbar
c. schmackhaft

erachtet werden. Ob wir Speisen und Getränke diesen drei Bereichen zuordnen, ist beeinflusst durch persönliche Geschmacksvorlieben und das soziale Umfeld, in dem man aufgewachsen ist. Die gesellschaftlichen Normen und Werte innerhalb eines Kulturkreises definieren, welche Speisen und Getränke als genießbar oder ungenießbar gelten. Wir legen damit fest, *was wir essen können*. Ob wir Speisen und Getränke als schmackhaft empfinden, hängt davon ab, was innerhalb eines kulinarischen Netzwerks als ansprechend wahrgenommen wird. Es handelt sich dabei um eine Frage der Ästhetik. Speisen und Getränke können zwar als genießbar gelten, müssen aber nicht zwangsläufig als wohlschmeckend, appetitlich oder für bestimmte Situationen geeignet erscheinen. Hier legen wir fest, *was wir essen wollen*. Jemand, der eine Speise konsumiert, die dem gesellschaftlichen Wertesystem entsprechend als nicht genießbar eingeordnet ist, gilt als seltsam, mit Vorsicht zu genießen und Außenseiter. Jemand, der etwas nicht Schmackhaftes konsumiert, gilt hingegen nur als jemand mit anderen Geschmacksvorlieben (Long 2004, S. 32 ff.; Gyimóthy und Mykletun 2009, S. 261).

Die Grenzen der zuvor genannten Bereiche gehen ineinander über. Geschmack, persönliche Vorlieben, Einstellungen sowohl auf Seiten des Gastes als auch auf Seiten der Produzenten können sich im Laufe des Lebens verändern. Kulinarische Werte und Normen unterliegen ebenfalls Wandlungsprozessen. Insofern sind diese drei Bereiche als flexibel und dynamisch zu betrachten (Long 2004, S. 34).

Das Konzept des „Culinary Tourism" hat Anknüpfungspunkte mit unterschiedlichen touristischen Angebotsformen. Vor dem Hintergrund, dass Touristen reisen, um eine andere Kultur kennenzulernen, stellt es einen Teilbereich des Kulturtourismus dar. Hochgatterer (1996, S. 10 ff., zit. nach Steckenbauer 2004) erfasst die kulinarische Komponente in seiner Typologie kulturtouristischer Angebote als „Gourmetreisen". Jätzold (1993, S. 77, zit. nach Steckenbauer 2004) führt in seinem angebotsorientierten Gliederungsschema den „Gastronomischen Kulturtourismus" an und differenziert dabei zwischen „Erlebnis-Kulturtourismus, Wein-Tourismus, Schlemmer-Tourismus".

Im ländlichen Raum besteht eine Verbindung zwischen „Agritourismus" (auch „Agrotourismus") und „Culinary Tourism". Der Besuch von Bauernhöfen und Farmen, die Teilnahme am bäuerlichen Alltag, die Mithilfe bei der Erntearbeit, Besuche bei anderen Produktionsbetrieben (Käsereien, Molkereien, Fischzuchtbetrieben) und auch der Verzehr der am Hof produzierten Nahrungsmittel (Obst, Gemüse, Fleisch) zählen zu den Aktivitäten dieser Angebotsform als auch zum Konzept des „Culinary Tourism" (Long 2012, S. 395, Initiative Auslandszeit 2014).

Auch der Besuch von Kulturerbestätten (engl. „Heritage Tourism") ist eine Angebotsform, wo es zu Überschneidungen mit „Culinary Tourism" kommt. Oftmals werden an solchen Plätzen kulinarische Gepflogenheiten vergangener Tage für Touristen erlebbar gemacht (z. B. mit verschiedenen Vorführungen, Aktivitäten oder Verkostungen) (Long 2012, S. 395; López-Guzmán und Sánchez-Cañizares 2012, S. 64).

Und nicht zuletzt wird „Culinary Tourism" immer öfter auch mit nachhaltigem Tourismus in Verbindung gebracht. Die Umsetzung von Angeboten im Bereich des kulinarischen Tourismus sollen Touristen dazu anregen, an der Kultur der Destination/Region aktiv teilzuhaben (dies umfasst die regionale Küche, lokale Produkte und alle Aktivitäten und Dienstleistungen des regionalen kulinarischen Netzwerks). Zudem schaffen solche nachhaltigen Angebote Arbeitsplätze für die lokale Bevölkerung, tragen dazu bei, dass Erträge in der Region/Destination erwirtschaftet werden und führen bei den Touristen zu einem besseren Verständnis für die regionale Kultur (Long 2012, S. 395; Gaztelumendi 2012, S. 11).

4.5 Culinary Tourism und Gastronomie – aktuelle und zukünftige Herausforderungen

„Culinary Tourism" gilt als treibende Kraft wirtschaftlicher Entwicklung und kultureller Transformation. Beide Disziplinen, sowohl Gastronomie als auch Tourismus, sind Bereiche mit ähnlichen Gegensätzen, von der kleinteiligen Struktur und der handwerklichen Produktion bis hin zur industriellen Massenproduktion.

Gastronomie spielt in der Auswahl der Urlaubsdestination und in der touristischen Konsumation eine maßgebliche Rolle. Dies hat zur Etablierung eines eigenen Marktes für „Culinary Tourism" und zu einer Zunahme gastronomischer Angebote geführt. Restaurants gelten dabei als die maßgeblichen Einrichtungen für die Verbindung von Essen und Tourismus. Die Herausforderungen, denen sich die Gastronomie im Kontext mit „Culinary Tourism" stellen muss, sind vielfältig (Gaztelumendi 2012, S. 10).

Basierend auf Longs Konzept der Andersartigkeit sind Gastronomiebetriebe gefordert, ihre Angebote und deren Umfeld so zu gestalten, dass Neugierde geweckt wird, gleichzeitig aber Vertrautheit dahingehend geschaffen wird, dass die Speisen und Getränke als genießbar erachtet werden. Dies betrifft u. a. die Benennung einzelner Gerichte auf der Speisekarte, Zeichen und Symbole, die Anordnung der Tische und die Auswahl von Accessoires. Ein weiterer Bereich sind Erläuterungen und weiterführende Information betreffend Zutaten und Inhaltsstoffe, Zubereitungsmethoden und Geschichten bzw. Hintergründe über einzelne Gerichte. Damit wird der Tourist direkt in das kulinarische Netzwerk involviert. Die Zusammenstellung der Speisekarte wiederum soll jene Gerichte beinhalten, die aus Sicht des Gastronomen, für die Gäste am attraktivsten sind (Long 2004, S. 38 ff.).

Eine weitere Herausforderung für Gastronomen betrifft die Integration von Innovationen in bestehende Traditionen ihres Unternehmens. Sie sind gefordert, ihre Angebote in einem kontinuierlichen Prozess entsprechend den Ansprüchen ihrer Gäste zu gestalten (Gaztelumendi 2012, S. 11).

Das Territorium, also das Gebiet der jeweiligen kulinarischen Angebote ist Differenzierungsmerkmal und Grundlage lokaler Identität (es inkludiert natürliche Gegebenheiten, Geschichte, Kultur, Traditionen, Landschaftsbild, die Küche einer Region). Dies basiert auf den Bestimmungen der „Appellation d'Origin Controlee", welche die Kennzeichnung als Ursprungserzeugnis regeln. Die Umwandlung dieser Territorien in eine kulinarische Region ist eine der Herausforderungen an Gastronomie und Tourismus (Gaztelumendi 2012, S. 11; Long 2012, S. 402 f.).

Gastronomie spielt auch eine bedeutende Rolle darin, wie Touristen ihren Aufenthalt erleben. Die Gruppe der „Culinary Tourists" stellt noch eine Minderheit dar, allerdings sind diese Touristen bereit, viel in ihrem Urlaub auszugeben, sie haben hohe Qualitätsansprüche, möchten mehr über die Kultur des Gastlandes bzw. der besuchten Region erfahren, unvergessliche Erfahrungen machen und suchen Authentizität (Sánchez-Cañizares und López-Guzmán 2012, S. 232; Kivela und Crotts 2006, S. 355 f.; Fandos Herrera et al. 2012, S. 9).

Die Zusammenarbeit aller Akteure (Gastronomen, Landwirte, Küchenchefs, Tourismusverbände und viele mehr) bei der Gestaltung und Vermarktung von Angeboten im Bereich „Culinary Tourism" ist unerlässlich für die erfolgreiche Implementierung (Gaztelumendi 2012, S. 11).

Trotz aller positiven Implikationen ist das Konzept des „Culinary Tourism" auch nicht frei von Kritik. Wirtschaftliche Interessen und Profitgier können dazu führen, dass die kulturelle Identität einer Region/Destination dahingehend geschwächt wird, dass die Kultur bzw. die kulturellen Traditionen manipuliert und lediglich als Handelsware betrachtet werden. Auch die Tendenz, Speisen und Getränke entsprechend der Anforderungen der

Gäste zu adaptieren, wirft die Frage auf, inwieweit die Authentizität des Angebots damit noch gewährleistet ist (Long 2012, S. 400 ff.).

Trotz einiger kritischer Aspekte kann zusammenfassend angeführt werden, dass „*Culinary Tourism*" ein komplexes, vielschichtiges Konzept ist, welches in Kombination mit der Gastronomie einer Region/Destination großes Entwicklungspotenzial aufweist. Die hohe Dynamik und Komplexität beider Bereiche sind eine beständige Herausforderung für die handelnden Akteure. Kooperative Zusammenschlüsse in Form von kulinarischen Netzwerken, Clustern oder kulinarischen Themenstraßen bieten allen Beteiligten neue Möglichkeiten zur touristischen Entwicklung von Destinationen/Regionen.

Literatur

Ankeny RA (2012) Food and ethical consumption. In: Pilcher JM (Hrsg) The Oxford handbook of food history. Oxford University Press, Oxford, S 461–480

Beer S, Edwards J, Fernandes C, Sampaio F (2002) Regional food cultures: integral to the rural tourism product? In: Hjalager AM, Richards G (Hrsg) Tourism and gastronomy. Routledge, London, S 207–223

Binder P (2009) Essen und Trinken als Kulturträger – Bedeutung für und Einfluss auf den österreichischen Tourismus und Verankerung in der Dachmarke „Urlaub in Österreich". Konferenzbeitrag, THRIC 2009, Dublin

Bitsani E, Kavoura A (2012) Connecting oenological and gastronomical tourisms at the Wine Roads, Veneto, Italy, for the promotion and development of agrotourism. J Vacat Mark 18:301–312. doi:10.1177/1356766712460738

Boniface P (2003) Tasting tourism: travelling for food and drink. Ashgate Publishing, Hampshire

Chang RCY, Kivela J, Mak AHN (2010) Food preferences of Chinese tourists. Ann Tour Res 34:989–1011. doi:10.1016/j.annals.2010.03.007

Chen Y (2012) Food, race and ethnicity. In: Pilcher JM (Hrsg) The Oxford handbook of food history. Oxford University Press, Oxford, S 428–443

Cohen E, Avieli N (2004) Food in tourism. Attraction and impediment. Ann Tour Res 31:755–778

Davidson JS (2013) Persistent culinary traditions in rural Southern West Virginia. Masterthesis, Marshall Digital Scholar, Marshall University, Huntington

Du Rand GE, Heath E (2006) Towards a framework for food tourism as an element of destination marketing. Curr Issues Tour 9:206–234. doi:1368-3500/06/03 0206-29$20/0

Eastham JF (2003) Valorizing through tourism in rural areas: moving towards regional partnerships. In: Hall CM, Sharples L, Mitchell R, Macionis N, Cambourne B (Hrsg) Food tourism. Around the world. Development, management and markets. Butterworth Heinemann, Oxford, S 228–248

Eitzenberger J, Rose LM, Rose S, Warter C (2014) Forschung Kulinarischer Tourismus: Ergebnisse des Autorenkollektivs. http://kulinarischer-tourismus.de/forschungsergebnisse. Zugegriffen: 31. Juli 2014

Fandos Herrera C Blanco Herranz J Puyuelo Arilla J (2012) Gastronomy's importance in the development of tourism destinations in the world. In: World Tourism Organization (Hrsg) Global report on food tourism. UNWTO, Madrid, S 6–9

Fields K (2002) Demand for the gastronomy tourism product: motivational factors. In: Hjalager AM, Richards G (Hrsg) Tourism and gastronomy. Routledge, London, S 36–50

Gaztelumendi I (2012) Global trends in food tourism. In: World Tourism Organization (Hrsg) Global report on food tourism. UNWTO, Madrid, S 10–11

Green R (2012) Public histories of food. In: Pilcher JM (Hrsg) The Oxford handbook of food history. Oxford University Press, Oxford, S 81–95

Gyimóthy S, Mykletun RJ (2009) Scary food: commodifying culinary heritage as meal adventures in tourism. J Vacat Mark 15:259–273. doi:10.1177/1356766709104271

Hall CM (Hrsg) (2003) Wine, food and tourism marketing. Routledge/Taylor & Francis Group, New York/London

Hall CM, Mitchell R (2002) Tourism as a force for gastronomic globalization and localization. In: Hjalager AM, Richards G (Hrsg) Tourism and gastronomy. Routledge, London, S 72–87

Hall CM, Sharples L (2003) The consumption of experiences or the experiences of consumption? An introduction to the tourism of taste. In: Hall CM, Sharples L, Mitchell R, Macionis N, Cambourne B (Hrsg) Food tourism. Around the world. Development, management and markets. Butterworth Heinemann, Oxford

Hall CM, Sharples L, Mitchell R, Macionis N, Cambourne B (Hrsg) (2003) Food tourism. Around the world. Development, management and markets. Butterworth Heinemann, Oxford

Hjalager AM, Corigliano MA (2000) Food for tourists – determinants of an image. Int J Tour Res 2:281–293

Hjalager AM, Richards G (Hrsg) (2002) Tourism and gastronomy. Routledge, London

Hochgatterer A (1996) Kulturtouristische Angebotsformen. Am Beispiel des oberösterreichischen Busreiseveranstaltermarktes. In: Forschungskreis für praxisorientierte Tourismus- und Freizeitwissenschaft (FORT) (Hrsg) Tourismus panorama, 3. Aufl. Johannes Kepler Universität Linz, Wien

Ignatov E, Smith S (2006) Segmenting Canadian culinary tourists. Curr Issues Tour 9:235–255. doi:1368-3500/06/030235-21$20/0

Initiative Auslandszeit (2014) Was ist Agritourismus? http://www.farmarbeit.de/agrotourismus.html. Zugegriffen: 9. Aug. 2014

Jätzold R (1993) Differenzierungs- und Förderungsmöglichkeiten des Kulturtourismus und die Erfassung seiner Potentiale am Beispiel des Ardennen-Eifel-Saar-Moselraumes. In: Becker C, Steinecke A (Hrsg) Kulturtourismus in Europa: Wachstum ohne Grenzen? Europäisches Tourismus Institut an der Universität Trier

Kim YG, Eves A, Scarles C (2009) Building a model of local food consumption on trips and holidays: a grounded theory approach. Int J Hospit Manage 28:423–431. doi:10.1016/j.ijhm.2008.11.005

Kivela J, Crotts J (2005) Gastronomy tourism: a meaningful travel market segment. J Culin Sci Technol 4:39–55. doi:10.1300/J385v04n02_03

Kivela J, Crotts J (2006) Tourism and gastronomy: gastronomy's influence on how tourists experience a destination. J Hospit Tour Res 3:354–377

Long LM (2004) Culinary tourism. University Press of Kentucky, Kentucky

Long LM (2012) Culinary tourism. In: Pilcher JM (Hrsg) The Oxford handbook of food history. Oxford University Press, Oxford, S389–406

López-Guzmán T, Sánchez-Cañizares S (2012) Gastronomy, tourism and destination differentiation: a case study in Spain. Rev Econ Finance 1:63–72

Mak AHN, Lumbers M, Eves A (2012) Globalisation and food consumption in tourism. Ann Tour Res 39:171–196. doi:10.1016/j.annals.2011.05.010

Mandelblatt B (2012) Geography of food. In: Pilcher JM (Hrsg) The Oxford handbook of food history. Oxford University Press, Oxford, S 154–171

Matlovičová K, Pompura M (2013) The culinary tourism in Slovakia. Case study of the traditional local sheep's milk products in the regions of Orava and Liptov. Geo J Tour Geosites 12:129–144

McKercher B, Okumus F, Okumus B (2008) Food tourism as a viable market segment: it's all how you cook the numbers! J Travel Tour Mark 25:137–148. doi:10.1080/10548400802402404

Norman CE (2012) Food and religion. In: Pilcher JM (Hrsg) The Oxford handbook of food history. Oxford University Press, Oxford, S 409–427

Okumus B, Okumus F, McKercher B (2007) Incorporating local and international cuisines in the marketing of tourism destinations: the cases of Hong Kong and Turkey. Tour Manage 28:253–261. doi:10.1016/j.tourman.2005.12.020

Österreich Werbung (2014) Osterbräuche & Ostermärkte. http://www.austria.info/at/land-und-leute/ostern-in-oesterreich-2058569.html. Zugegriffen: 31. Juli 2014

Ottenbacher MC, Harrington RJ (2013) A case study of a culinary tourism campaign in Germany: implications for strategy making and successful implementation. J Hospit Tour Res 37:3–28. doi:10.1177/1096348011413593

Richards G (2012) Food and the tourism experience. In: World Tourism Organization (Hrsg) Global report on food tourism. UNWTO, Madrid, S 20–22

Sánchez-Cañizares S, López-Guzmán T (2012) Gastronomy as a tourism resource. Profile of the culinary tourist. Curr Issues Tour 15:229–245

Simonetti L (2012) The ideology of slow food. J Eur Stud 42:168–189. doi:10.1177/0047244112436908

Smith VL (1989) Introduction. In: Smith VL (Hrsg) Hosts and guests: the anthropology of experience. University of Pennsylvania Press, Philadelphia

Steckenbauer GC (2004) Kulturtourismus und kulturelles Kapital. Die feinen Unterschiede des Reiseverhaltens. In: Mörth I (Hrsg) Kulturtourismus – Kultur des Tourismus: eine Verbindung von Kulturen? TRANS Internetzeitschrift für Kulturwissenschaften, 15. Aufl. http://www.inst.at/trans/15Nr/09_1/steckenbauer15.htm. Zugegriffen: 31. Juli 2014

Tikkanen I (2007) Maslow's hierarchy and food tourism in Finland: five cases. Br Food J 109:721–734. doi:10.1108/00070700710780698

Urry J (2002) The tourist gaze. Sage Publications, London

Weinangebot, -service und -qualität in der Wiener Szenegastronomie. Eine Analyse aus der Konsumentenperspektive

Kurt Gablek, Florian Schütky und Albert Franz Stöckl

5.1 Einführung

Wein wird mit Vorliebe in Gesellschaft getrunken, in Österreich vor allem beim Heurigen, in Restaurants und in den Szenelokalen der Hauptstadt. 2008 erfolgte rund 53 % des Weinkonsums in Österreich in Gaststätten und im Rahmen diverser Veranstaltungen „außer Haus" (BMLFUW 2010, S. 38). 2010 waren es laut Schätzung der Österreich Wein Marketing bereits 57 % (ÖWM 2011, S. 61).

Die Beliebtheit des Außer-Haus-Konsums von Wein und der Umstand, dass Gastronomie und Tourismus generell in Österreich und speziell in Wien eine wesentliche wirtschaftliche, kulturelle und soziale Rolle spielen, waren die ausschlaggebende Motivation für die Untersuchungen des vorliegenden Forschungsprojektes. Im Fokus unserer Untersuchung standen das Weinangebot, Weinservice und -qualität in der Wiener Szenegastronomie – einem Zweig des Gaststättengewerbes, der in den vergangenen Dekaden von immer größerer Wichtigkeit für den Gast und die (Wein-)Lieferanten wurde.

Ziel dieses Forschungsprojekts war es daher, in einem ersten Schritt, das Weinangebot der Wiener Szenegastronomie mittels quantitativer Angebotsanalyse zu erfassen, auszuwerten und zu interpretieren. Analysiert wurden das Verhältnis zwischen Rot-, Weiß-, Rosé- und Schaumweinen, die Parameter Preis, Herkunft und Rebsorte sowie das Ver-

K. Gablek (✉) · F. Schütky · A. F. Stöckl
Wien, Österreich
E-Mail: kurt.gablek@gmx.at

F. Schütky
E-Mail: hcflo@yahoo.de

A. F. Stöckl
E-Mail: albert.stoeckl@fh-krems.ac.at

© Springer Fachmedien Wiesbaden 2015
K.-P. Fritz, D. Wagner (Hrsg.), *Forschungsfeld Gastronomie,*
Forschung und Praxis an der FHWien der WKW, DOI 10.1007/978-3-658-05195-2_5

hältnis zwischen Flaschenverkauf und glasweisem Verkauf. Hierzu wurden Weinkarten aus 380 Lokalen, die im Gastronomieführer „Wien, wie es isst" (Falter 2012) als „Szenelokale" gelistet sind, angefragt. 174 Weinkarten wurden zur Verfügung gestellt, erhoben und untersucht.

In einem zweiten Schritt wurde mittels Fokusgruppendiskussionen erhoben, ob das Weinangebot der Wiener Szenegastronomie den Vorstellungen und Wünschen der Gäste entspricht und ob das Weinangebot adäquat, das heißt für den Gast übersichtlich und verständlich kommuniziert wird.

Im dritten Teil schließlich wurde eine Mystery-Shopping-Analyse durchgeführt, um Weinservice und -qualität in der Wiener Szenegastronomie zu erheben.

5.1.1 Die Wiener „Szenegastronomie"

Der Versuch, den Begriff Szenegastronomie zu definieren, gestaltet sich alles andere als einfach. In der Literatur finden sich wenige aussagekräftige, zitierwürdige Arbeiten, welche sich mit diesem Thema auseinandersetzen. Wie für viele gastronomische Betriebsarten und ihre vielfältigen, oft ineinanderfließenden Ausprägungen (Café, Lounge, Bar, u.v.m.) gilt für die Szenegastronomie, dass alles erlaubt ist, was gefällt, solange es von einer ausreichend umfangreichen Klientel angenommen wird.

Die Szenegastronomie ist laut Dröge und Krämer-Badoni (1987) eine „intellektuelle *Mittelschichtkneipe*" und ihre Existenz wird unter anderem damit begründet, dass sich die Menschen von ihrer Arbeitssituation erholen und mit anderen Menschen reden wollen. Andererseits wechselt der typische Besucher einer Szenelokalität oft die Lokale innerhalb der Szene, um Abwechslung zu erfahren und um sich modisch oder trendig zu verhalten. Dies lässt sich dadurch veranschaulichen, dass die Szenebesucher nur so lange ein Lokal besuchen, solange es „in" ist (Dröge und Krämer-Badoni 1987, S. 276 ff.).

Auch wenn diese Darstellung der Kulturform Kneipe schon 25 Jahre alt ist und natürlich einige soziologische und kulturelle Veränderungen seither vollzogen wurden, belegt und unterstützt eine neuere Studie (Plohmann 2003) genau dieses Bild.

Eine andere Annäherungsweise ist die vorerst banale Aufgliederung des Begriffs in die Substantive „*Gastronomie*" (s. Abschn. 1.1) und „*Szene*". Szene, stammt vom griechischen Wort „σκηνή" für Zelt. Es wird als „charakteristischer Bereich für bestimmte Aktivitäten" erklärt, was wieder gut zur Szenegastronomie passt, da ja auch hier ein Ort entsteht, an welchem sich Gleichgesinnte treffen. Das bedeutet aber auch, dass es nicht eine Szene gibt, sondern dass jede Neigung, Lebenseinstellung oder Denkweise, die mehrere Personen begeistert, zu einer selbstständigen Szene führen kann. Findet man noch einen Wirt, der den passenden Raum dafür anbietet, ist ein neues Szenelokal geboren.

Schulze (2000) beschreibt in seinem Werk „*Die Erlebnisgesellschaft – Kultursoziologie der Gegenwart*" die Szene als „Netzwerk von Publika,[1] das aus drei Arten der Ähnlichkeit entsteht: partielle Identität von Personen, von Orten und von Inhalten. Eine Szene hat ihr Stammpublikum, ihre festen Lokalitäten und ihr typisches Erlebnisangebot. Wenn umgangssprachlich etwa von ‚Discoszene‘, ‚Kneipenszene‘, ‚Kulturszene‘ oder auch nur ‚der Szene‘ die Rede ist, so ist in der Regel ein sozialer Sachverhalt gemeint, der unter den soeben definierten Begriff fällt" (Schulze 2000, S. 463).

Besonders die Entwicklung von Szenen in den Großstädten steht dabei in unmittelbarem Zusammenhang mit der Evolution des Erlebnismarktes, so Schulze weiter. Überhaupt sind Szenen ein sozialhistorisch neuartiges Phänomen, da Szenenbildung einen Versuch der Menschen darstellt, sich in einer immer schwerer überschaubaren Wirklichkeit zu orientieren und abzugrenzen. Die Szenenbildung kann als Gemeinschaftsleistung von Publikum und Erlebnisanbietern, hier Gastronomen, gesehen werden. Aus unklaren Anfängen heraus entwickelten sich folglich prägnante atmosphärische Charakteristika, auf die sich nach einem kollektiven Lernprozess Anbieter wie Nachfrager einstellen. Ein gutes Beispiel ist etwa die Bereitstellung von sogenannten Opportunitätsstrukturen durch die Lokalbetreiber zur Erzeugung einer bestimmten Atmosphäre, zum Beispiel durch die Raumaufteilung, die Beleuchtung, den akustischen Hintergrund oder auch das spezifische Programm- und Konsumangebot eines Betriebes. Die Nachfrager, hier Szenelokalgäste, zeigen ihr Einverständnis mit dem Gebotenen durch den „selektiven Besuch eines bestimmten Ensembles von Einrichtungen" (Schulze 2000, S. 465).

Diesen selektiven Besuch von Lokalen sehen Malzer und Nickel in ihrem Referat „Szenelokale und ihre Bedeutung für die Ausbildung sozialer Milieus" „… als einen zentralen Punkt für die Berechtigung, den Titel des ‚Szenelokals‘ zu führen. Denn je selektiver und je häufiger ein bestimmter Ort aufgesucht wird, je spezieller das Erlebnisangebot definiert ist und je intensiver das dort verkehrende Publikum das Erlebnisangebot nachfragt, desto eher kann in diesem Zusammenhang von einem Ort gesprochen werden, der sich dann ‚Szenetreffpunkt‘, ‚Szenelokal‘ oder auch ‚Szenekneipe‘ nennen darf, ohne sich den Vorwurf gefallen lassen zu müssen, mit dem Szenebegriff lediglich hausieren zu gehen" (Malzer und Nickel 2000, S. 14 f.).

Laut Malzer und Nickel (2000, S. 25) scheint ein Publikum mit einer überwiegend spezifischen Existenzform und gleichartigem Nachfragemuster das Hauptcharakteristikum eines Szenelokals darzustellen. Plakative Beispiele hierzu wären die Homosexuellenszene, Opernbesucher, Punks oder Weinliebhaber.

---

[1] Laut Schulze (2000) handelt es sich dabei um ein Personenkollektiv, das durch den gleichzeitigen Konsum eines bestimmten Erlebnisangebotes abgegrenzt ist (Schulze 2000, S. 460).

5.1.2   Das Weinangebot in der „Wiener Szene"

Wien wurde als Erhebungsort gewählt, da die österreichische Hauptstadt über die höchste Konzentration an Gastronomiebetrieben des Landes verfügt. Nach der Bestimmung und der Definition der Grundgesamtheit Szenelokale und der Auswahl Wiens als Erhebungsort wurde die Onlineausgabe des bekannten Wiener Lokalführers „Wien, wie es isst" (Falter 2012) als Auswahlbasis herangezogen.

Der Zeitraum der Erhebung belief sich auf vier Monate, von April bis einschließlich Juli 2012. Die gesammelten Weinkarten wurden erfasst, ausgewertet und verglichen. Die 174 untersuchten Wein- und Getränkekarten setzen sich aus 135 Karten, die den jeweiligen Homepages entnommen wurden, und 39 zugesandten Weinkarten zusammen. Insgesamt waren auf den Wein- und Getränkekarten 5559 Weinartikel zu finden, davon 37 %, die auch glasweise, und 63 %, die ausschließlich flaschenweise angeboten wurden. Weißweine waren mit 603 offenen und 1171 Flaschenprodukten vertreten, Rotweine mit 627 offenen und 1276 Flaschen und Rosé mit 48 bzw. 32 Produkten. Schaumweine waren mit 1032 Positionen vertreten, davon lediglich 125 offen, das heißt glasweise konsumierbar. Süßweine fanden sich insgesamt 145 und Weinmischgetränke 558 – darunter der klassische Weiße G'spritzte (Weißweinschorle) oder Aperol Spritz. 21 verschiedene internationale Weinländer, darunter „Exoten" wie Indien und Montenegro sind mit 1147 verschiedenen Weinen vertreten, aus Österreichs Weinanbaugebieten stammen 2601 Weine. Die hohe Differenz zwischen Gesamtartikeln (5559) und einer bestimmten Herkunft zuordenbaren Weinen (3748) ergibt sich zum einen aus Mehrfachnennungen, zum Beispiel durch das Angebot von Wein als ein Achtelliter, ein Viertelliter und als Flasche, und zum anderen aus der beträchtlichen Anzahl an Weinmixgetränken und Weinen, die nicht einer bestimmten Herkunft zuordenbar waren.

5.1.3   Sorten

Österreich ist durch das germanische Weinsystem, den traditionell starken Ab-Hof-Verkauf und die Heurigenkultur, bei der die Winzer darauf bedacht sind, möglichst viele Geschmäcker und Vorlieben zu bedienen, seit jeher ein sehr Rebsorten-affines Land mit breitem Sortimenten.

Dies spiegelt sich auch in den Ergebnissen der Angebotsanalyse in der Szenegastronomie wider. In den 174 ausgewerteten Weinkarten finden sich mehr als 70 verschiedene Rebsorten, wobei rote wie weiße Rebsorten in vergleichbarer Vielfalt gelistet sind. Bei den Rotweinen dominieren allerdings deutlich Cuvées, sie bilden die mit Abstand größte Gruppe aller untersuchten Weine. Bei den Weißweinen sind hingegen sortenreine Weine (Grüner Veltliner, Riesling, Sauvignon blanc, usw.) bedeutend wichtiger.

Wie in Abb. 5.1 ersichtlich dominiert Österreichs Paraderebsorte, der Grüne Veltliner, mit insgesamt 23 % und 363 Nennungen die weißen Rebsorten. Beim glasweisen Verkauf sind es sogar knapp 30 %. Dahinter folgt die sogenannte Königin der Reben, der Riesling,

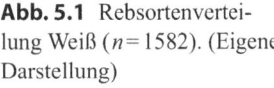

Abb. 5.1 Rebsortenvertei-
lung Weiß (*n* = 1582). (Eigene
Darstellung)

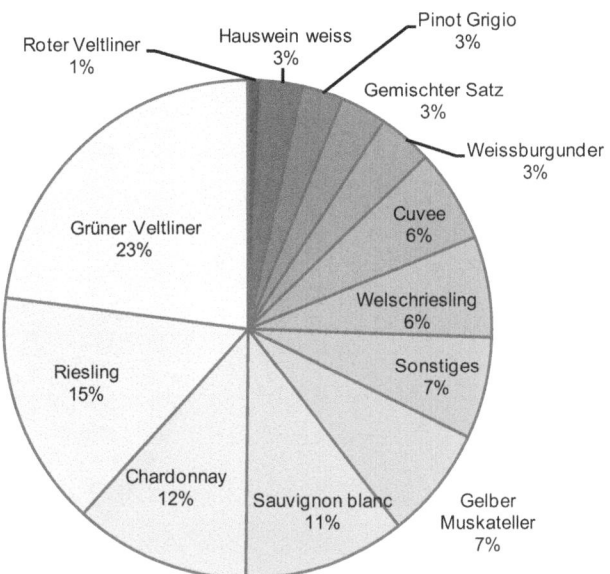

die im Flaschenweinsortiment eine große Rolle spielt, obschon sie in Österreich auf lediglich rund 4 % der gesamte Rebfläche angebaut wird und obendrein niedrige Erträge liefert.

Auf den Veltliner und den Riesling folgen die beiden „internationalen" Rebsorten Chardonnay und Sauvignon blanc. Diese vier Sorten machen 61 % des gesamten Angebots aus. Hinter diesen großen Vertretern finden sich die Aromarebsorte Gelber Muskateller, welche vor allem in der Steiermark angebaut wird und sich immer größerer Beliebtheit erfreut, sowie der Welschriesling und weiße Cuvées. Erwähnenswert ist auch, dass Weißburgunder trotz steigender Beliebtheit in den letzten Jahren mit 3 % Anteil am gesamten Weißweinangebot eher unterrepräsentiert ist und dass der Trend der Wiederentdeckung des vor allem bei Wiener Winzern beliebten gemischten Satzes, einem Wein, bei dem verschiedene Rebsorten in einem Weingarten zusammen wachsen, gelesen und gekeltert werden, mit immerhin 3 % bestätigt werden kann.

Auch die roten Hauptrebsorten der Wiener Szenegastronomie sind typisch für die heimische Weinkultur, wie Abb. 5.2 zeigt.

Zweigelt mit 231 und Blaufränkisch mit 223 Positionen liegen aber dennoch nicht an erster Stelle, was die Menge der angebotenen Produkte betrifft. Wie schon zuvor erwähnt, ist es die große Gruppe an Cuvée-Weinen, die gemeinsam ein Drittel aller Rotweine ausmacht, obwohl hier bekannte internationale Cuvées, wie zum Beispiel Bordeaux, Rioja oder Chianti, die wir entsprechend ihrer Herkunft benannt und eingeteilt haben, abgezogen wurden. Hier findet man 595 verschiedene Weine aus 14 Ländern, der Anteil an österreichischen Cuvées liegt dabei bei etwa zwei Drittel.

Bei den roten Rebsorten findet man hinter den wichtigsten drei (Cuvée, Zweigelt, Blaufränkisch) ebenfalls „internationale" Rebsorten wie Cabernet Sauvignon, Merlot und Pinot Noir, wobei hier nicht unerwähnt bleiben sollte, dass trotz der geringen Anbaufläche

Abb. 5.2 Rebsortenvertei-
lung Rot ($n=1725$). (Eigene
Darstellung)

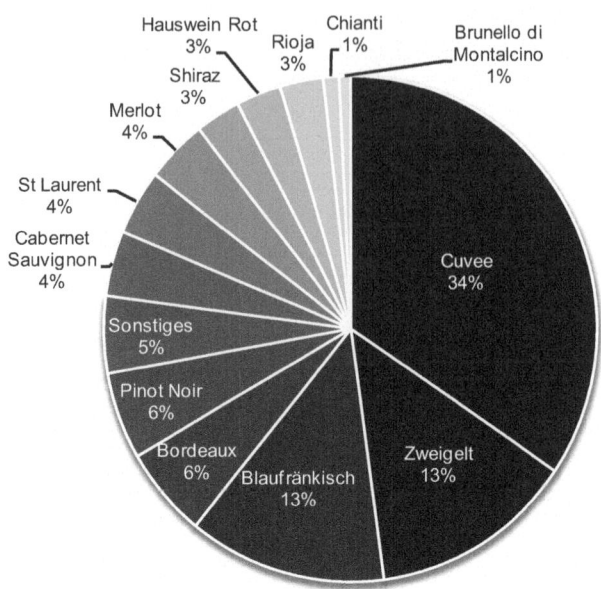

von 650 Hektar oder 1,4 % der österreichischen Rebfläche (ÖWM 2011, S. 37) 78 % der gelisteten blauen Burgunder (Pinot Noir) heimischen Anbaus sind.

Von den heimischen Rebsorten sticht vor allem noch der St. Laurent ins Auge. Andere heimische Rotweinsorten wie etwa den Blauen Portugieser, Blauburger oder Rösler sucht man indes meist vergeblich.

Roséweine findet man ebenfalls selten auf den Karten der Wiener Szene. Wenn sie angeboten werden, werden sie zu 60 % offen ausgeschenkt. Sechs der 53 Roséweine bekommt man ausschließlich in Flaschen.

Süßwein gibt es in Wiens Szenelokalen sehr konzentriert. So findet man die Hälfte aller angebotenen Süßweine auf sechs Weinkarten. Es dominieren Beerenauslesen und Trockenbeerenauslesen vor allem vom Neusiedlersee und Neusiedlersee Hügelland. Österreich stellt 87 % der Weine, Frankreichs weltberühmte Vertreter aus Sauternes und Banjuls sind nur in insgesamt zwei Lokalen gelistet, und nur 18 % der Süßweine werden offen ausgeschenkt.

5.1.4 Herkunft

Österreichs Weingesetz sieht mehrere Herkunftsbezeichnungen vor. Wein aus Österreich bildet die Dachmarke, danach folgt eine generische Einteilung in Bundesländer (Steiermark, Burgenland, Wien usw.) und spezifisch in 16 Weinbaugebiete, welche die Aufgabe haben, gebietstypische Weinstile erkennbar zu machen. Dies sind unter anderem Carnuntum, Neusiedlersee, Südsteiermark, Wagram (ÖWM 2011, S. 3 ff.).

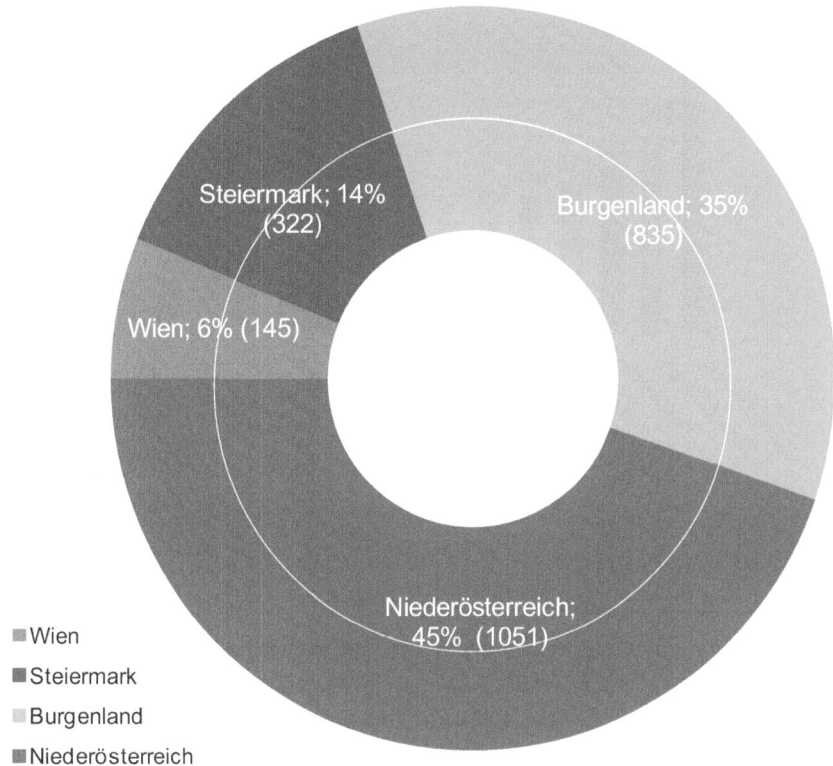

Abb. 5.3 Generische Herkunftsverteilung (*n* = 2353). (Eigene Darstellung)

Die untersuchten Wiener Szenelokale bieten Wein aus allen österreichischen Weinbau-gebieten an, mit Ausnahme der Region Bergland Österreich (westliche Bundesländer). Insgesamt konnten 2353 Weine österreichischen Weinbaugebieten zugeordnet werden. Generisch zeigt sich, wie in Abb. 5.3 ersichtlich, ein wenig überraschendes Bild mit Nie-derösterreich an der Spitze, wobei man beachten sollte, dass im Vergleich zu ihrer An-baufläche Wien und die Steiermark überproportional vertreten sind, sich das Burgenland im Lot befindet und Niederösterreich etwas zurückbleibt. Dies kann auf die Popularität steirischer Sorten und Weine sowie die Renaissance des Wiener Weins, insbesondere des gemischten Satzes, zurückzuführen sein.

Betrachtet man die spezifischen Weinbaugebiete, so ergeben sich interessante Erkennt-nisse. Wie in Abb. 5.4 ersichtlich, stellt das Weinbaugebiet Neusiedlersee mit Abstand die größte Anzahl an Weinen in der Szenegastronomie.

Danach folgt die Südsteiermark, die sogar mehr Weine gelistet hat als das Weinviertel, obwohl dieses die fünffache Rebfläche besitzt. Betrachtet man nur das Angebot an Weiß-weinen, so ist die Südsteiermark sogar das Gebiet mit der größten Anzahl an Weinen. Nahezu jeder vierte Weißwein kommt aus diesem Gebiet und vier von fünf „trendigen" Sauvignon blanc kommen aus einem der drei steirischen Weinbaugebiete.

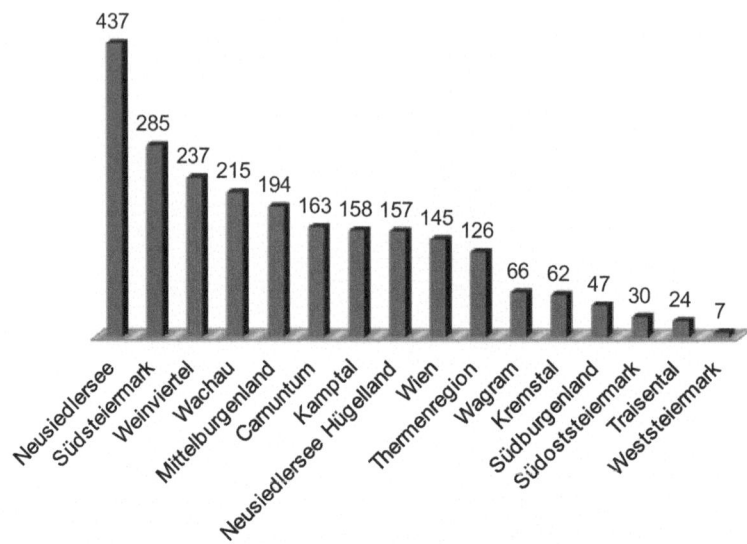

Abb. 5.4 Verteilung der Weine auf spezifische Weingebiete. (Eigene Darstellung)

Beim Rotwein dominiert ganz klar das Burgenland mit einem Anteil an 66 % der untersuchten Weine, wobei allein das Weinbaugebiet Neusiedlersee jeden dritten Rotwein stellt.
In Relation zur bebauten Rebfläche, führen im Ranking Carnuntum und Mittelburgenland
vor der Südsteiermark und der Wachau.

Insgesamt sind 22 verschiedene Länder vertreten. International dominieren die drei
großen Weinländer Frankreich (36 %), Italien (32 %) und Spanien (11 %). Zusammenge-
zählt liegt die sogenannte Neue Welt, hier USA, Argentinien, Chile, Brasilien, Südafrika,
Neuseeland und Australien, mit 13 % noch vor Spanien. Zählt man die Rubrik Schaumweine nicht dazu, fällt Frankreich mit seinen vielen Champagner-Listungen hinter Italien zurück. Interessant zu beobachten ist auch, dass Südosteuropa (Ungarn, Slowenien,
Kroatien, Montenegro und Griechenland) immerhin mit 64 verschiedenen Weinen 6 % der
internationalen Diversität ausmacht.

Vergleicht man Österreich mit anderen Ländern, zeigt sich, dass österreichischer Wein
in diesem Marktsegment sehr gut positioniert ist. Zählt man alle gelisteten Produkte, die
entweder als Flasche oder offen angeboten werden, zusammen, kommt man auf 2601
österreichische gegenüber 1154 internationalen Weinen. Das sind beachtliche 70 % des
gesamten Angebots.

Betrachtet man die einzelnen Sparten etwas genauer, gibt es aber durchaus einige Ver-
schiebungen des Verhältnisses. In der Sparte Schaumweine ist Frankreich mit 43 % aufgrund des Prestigeproduktes Champagner sehr stark vertreten; österreichischer Sekt liegt
mit 27 % nur an dritter Stelle hinter Italien (Prosecco, Asti Spumante usw.) mit insgesamt
29 %. Anders sieht es bei Süß- und Weißweinen aus, hier dominieren heimische Produkte
mit deutlicher Mehrheit (Süßwein 87 %, Weißwein 88 %). Auch beim Rotwein wird be-

vorzugt österreichischer Wein getrunken, ein Angebotsanteil von 65 % trotz berühmter Konkurrenz aus dem Piemont, Bordeaux oder dem Napa Valley gibt ein sehr gutes Zeugnis für die Qualität oder zumindest die Beliebtheit heimischer Weine ab. Beim Rotwein gibt es die größte Vielfalt, was internationale Weine betrifft. Insgesamt 18 Länder sind vertreten, Italien und Frankreich finden sich nahezu gleichwertig mit jeweils 9 % an der Spitze vor der Neuen Welt und Spanien (beide 7 %).

5.1.5 Preise

Die Preisgestaltung der Weine in den Wiener Szenelokalen reicht von 1,40 € pro Achtel-Hauswein bis zu 1800 € für eine Bouteille 1986er „*Château Margaux*".

Bei offenen Weinen beginnen die Mittelwerte, wie in Tab. 5.1 ersichtlich, für ein Achtel, welches das Standardausschankmaß für Stillweine ist, bei 2,06 € für weißen bzw. 2,44 € für roten Hauswein. Achtelweise ausgeschenkte Bouteillenweine sind deutlich teurer, die Preise liegen beispielsweise für Pinot Grigio bei durchschnittlich 5,73 € und für roten Bordeaux bei 5,80 €. Der durchschnittliche Preis inklusive Standardabweichung (SD) für ein Achtel Wein (inklusive Hauswein) beträgt insgesamt 3,48 €; SD 1,24. Es sei hier aber angemerkt, dass die Repräsentanz und Validität durch die stark divergierende Anzahl der für die Mittelwertberechnung herangezogenen Einzelpreise nur für eine Gesamtdarstellung gegeben ist. Bei der wichtigsten Flaschengröße, der Bouteille (0,75 L, liegt der Durchschnitt bei 48,91 €; SD 109,91, wobei hier im Gegensatz zu offenen Weinen ein markanter Unterschied zwischen Rot (64,51 €; SD 150,41), Weiß (32,58 €; SD 19,22) und Rosé (24,54 €; SD 8,62) festzustellen ist. Die extremen Standardabweichungen vor allem bei Rotwein erklären sich durch die hohe Anzahl an roten Prestigeweinen. So gibt es 98 Rotweine, aber nur sieben Weißweine, deren Preis über 100 € liegt. Ähnlich verhält es sich in der Rubrik Schaumweine. Eine 0,75 L Flasche Champagner kostet im Schnitt 139,74 €; SD 109,91, Sekt hingegen 31,81 €; SD 9,59 und Prosecco 22,33 €; SD 6,21.

Tab. 5.1 Preisrange bei Wein in der Gastronomie[a]. (Eigene Darstellung)

	1/8 L (0,1 L bei Schaumweinen)				0,75 L			
	Min.	Max.	Mittelwert	SD	Min.	Max.	Mittelwert	SD
Weiß	1,4	8	3,37	1,03	9	220	32,58	19,22
Rot	1,4	21	3,64	1,61	10,5	1800	64,51	150,41
Rosé	1,8	8,5	3,76	1,64	11,5	50	24,54	8,62
Gesamt Stillwein	1,4	21	3,48	1,24	9	1800	48,91	109,91
Champagner	13	39	22,72	6,04	39	650	139,74	109,91
Sekt	2,4	6,8	4,49	1,29	13	324	31,81	9,59

[a] Die Daten und Ergebnissen spiegeln zwar die Listung auf den Weinkarten wider, lassen jedoch keine Schlussfolgerungen über den tatsächlichen Konsum oder umgesetzte Mengen zu

5.2 Trifft das Angebot die Nachfrage? – Fokusgruppendiskussionen mit Gästen

Das Ziel der zweiten Studie dieses Projektes war es, herauszufinden, ob das Weinangebot der Wiener Szenegastronomie den Wünschen der Gäste entspricht und ob das vorherrschende Weinangebot adäquat und verständlich kommuniziert wird. Dafür wurde in einem ersten Schritt eine Inhaltsanalyse der im vorangegangenen Kapitel beschriebenen Weinkarten bezüglich deren Sortimentsgestaltung, Auslobung und Kennzeichnung der angebotenen Weine durchgeführt.

Im zweiten Schritt wurden die Nachfrageseite – der Kunde – mit einbezogen und drei Fokusgruppendiskussionen durchgeführt. Zu klären galt: Entspricht das Weinangebot der Wiener Szenelokale den Präferenzen der Nachfrageseite? Wie beurteilen Gäste die Verständlichkeit der Karten in der Szenegastronomie hinsichtlich Abkürzungen und Fachtermini bei den Weinbeschrcibungen?

5.2.1 Ablauf der Fokusgruppendiskussionen

Die Fokusgruppen bestanden aus Probanden, die in verschiedenen Wiener Szenelokalen angetroffen wurden. Die Auswahl der Diskutanten erfolgte aufs Geratewohl. Als Incentive wurden eine Weinverkostung mit Spezialitäten und ein Restaurantgutschein angeboten. Die meisten Teilnehmer waren Weinlaien, das heißt Konsumenten ohne tieferes Weinwissen. Zwei Teilnehmer waren zufällig selbst in der Szenegastronomie im Service tätig und verfügten über Weinkenntnisse. Alle teilnehmenden Personen gaben an, „zumindest ab und zu" ein Glas Wein zu trinken und regelmäßig in Szenelokalen einzukehren. Die Probanden wurden zu 14 verschiedenen Themenblöcken befragt. Vier Bereiche betrafen die textliche Gestaltung von Weinkarten. Diese beinhaltete Fragestellungen, wie Weine und vor allem Cuvées auf Weinkarten beschrieben sein sollen, wie relevant und verständlich sensorische Beschreibungen für die Gäste sind und wie die Teilnehmer Abkürzungen (AOC, DAC, IGT usw.) und weinspezifische Fachausdrücke (z. B. Federspiel, Reserve, Kabinett, Sur Lie) kennen, beurteilen und interpretieren. Des Weiteren wurden die Probanden zu Weinen befragt, die eher selten in der Szene angeboten bzw. beschrieben werden. Daraus ergaben sich Diskussionsbeiträge zu Spezialtäten wie Rosé- und Biowein sowie zu eher ausgefallenen Herkunftsgebieten wie Bulgarien oder Portugal. Die diskutierten Weine konnten von den Probanden in einer Pause verkostet werden. Prämierungen von Weinen und die Erwähnung dieser Auszeichnungen in der Weinkarte stellten einen Themenblock dar, die Dominanz einiger weniger Hersteller auf vielen Weinkarten der Hauptstadt einen weiteren. Die Herkunftsländer von Wein in den Karten, der ideale Sortimentsumfang und die gewünschte Sortenvielfalt rundeten die Diskussionen ab. Jeweils am Schluss wurden noch Anregungen aus der Gruppe das Weinangebot betreffend diskutiert.

Als Ort der Befragung wurde das Restaurant Specht im Zentrum von Wien ausgewählt, um anders als in Seminarräumen eine angenehme, unkomplizierte und dem Thema entsprechende Atmosphäre zu generieren. Durchgeführt wurden drei Fokusgruppen mit jeweils sechs Personen, die den Kriterien entsprachen, sich jedoch untereinander kaum oder nicht kannten, um den ungewollten Effekt eigener Dynamiken zwischen einander bekannten Personen zu vermeiden.

5.2.2 Probanden, Stimuli und Moderatorfragen

Als Zielgruppe galten Personen, die die für die Fragestellungen relevante Eigenschaften aufwiesen. Sie sollten den sozio- und psychografischen Merkmalen von Gästen der Szenegastronomie laut Beschreibungen von Dröge und Krämer-Badoni (1987) ungefähr entsprechen, vornehmlich Lokale der Wiener Szenegastronomie gegenüber anderen Gastbetrieben besuchen, ein wechselhaftes Wahlverhalten bezüglich der Gastronomiebetriebe aufweisen und gerne Wein trinken.

Die Ergebnisauswertung der durchgeführten Fokusgruppen erfolgte nach der qualitativen Inhaltsanalyse nach Mayring (2010). Die Filterung vordefinierter Themen und Inhalte sowie Facetten der Dokumentation ist das Ziel der inhaltlichen Strukturierung (Mayring 2010, S. 98). Die Kategorienbildung für die Frageblöcke erfolgte mittels einer Mischform aus deduktiver und induktiver Vorgehensweise. Dabei wurden in mehreren Schritten erste Vorschläge von den Studienautoren gemeinsam diskutiert, um schließlich die Kategorien festzulegen. Als Grundlage für die deduktive Bildung der 14 Hauptkategorien dienten eine vorangegangene Literaturrecherche sowie eine umfassende Weinkartenanalyse inklusive einer qualitativen Inhaltsanalyse. Sechs Subkategorien wurden induktiv, das heißt aus dem gesammelten und transkribierten Material der Fokusgruppendiskussionen herausgearbeitet.

5.2.3 Ergebnisse und Diskussion

Die Anmerkungen und Diskussionsbeiträge der Diskutanten bei den drei Gruppendiskussionen lassen den Schluss zu, dass dem Gast bereits beim Durchlesen einer Weinkarte durch falsche und/oder fehlende Informationen die Möglichkeit genommen werden kann, auf angenehme und leichte Art und Weise seine Weinauswahl zu treffen. Mit unzureichend beschriebenen Weinen, für den Weinlaien unverständlichen Abkürzungen oder „abstrusen" sensorischen Beschreibungen, die zu einer Verwirrung und Überforderung des Konsumenten führen können, bewirkt der Gastronom ungewollt, dass der Gast manchmal sogar so weit geht, sein Risiko bei der Weinauswahl dahingehend zu minimieren, dass anstelle von Wein Bier oder ein anderes Getränk bestellt wird. Als eines der wichtigsten Anliegen aller Gruppen wurde ein gut geschultes Personal genannt, das über die im Lokal angebotenen Weine Bescheid weiß. Die Kommentare während der Gruppendiskussionen belegten, dass sowohl Personen mit als auch ohne besonderes Weinwissen relevante Informationen über die angebotenen Weine wünschen und Informationen sowohl in den Weinkarten als auch mittels persönlicher Beratung seitens des Servicepersonals weitergegeben werden sollen. In der Szenegastronomie werden schwerpunktmäßig österreichische Weine angeboten. Diese Situation entspricht erkennbar dem Wunsch aller befragten Probanden. Ausländische Erzeugnisse sollen lediglich als Ergänzung und Abrundung des Sortiments dienen. Wein aus Europa wurde hier tendenziell gegenüber anderen Kontinenten bevorzugt. Innovative, neue Angebote, die zum Ausprobieren verlocken, sind erwünscht. Viele Probanden finden jedoch, dass es solche Angebote recht selten gibt. Bekannte Hersteller, die als Marke fungieren, wurden als positiv wahrgenommen, da sie eine „Orientierung" bei der Weinauswahl erleichtern. Weine kleinerer und/oder unbekannter Winzer sollten aber als „Abwechslung" nicht fehlen und vom Servicepersonal angeboten und beschrieben werden können. Bioweine werden „wegen ihres Geschmackes" und der offensichtlichen Unkenntnis der Probanden bezüglich ihrer Erzeugung, Hersteller und Eigenschaften abgelehnt.

Als Ursache für das geringe Angebot an Roséweinen wurden deren „Randexistenz" am österreichischen Weinmarkt und eine fehlende Trinkkultur bezogen auf Rosé genannt. Einige Probanden ergänzten dies um den Punkt, dass sie Roséweine gerne trinken würden, diese jedoch kein Musskriterium auf einer Weinkarte darstellten. Der Geschmack eines Weines und die persönliche Präferenz wurden gegenüber Prämierungen oder Auszeichnungen als relevantes Entscheidungskriterium tendenziell bevorzugt. Dies deckt sich mit den Erkenntnissen von Gansrigler (2008) und Hundlinger (2009). Beide Autoren belegen, dass sich Konsumenten nach eigenen Aussagen nicht von Punkten, Fachartikeln, Urkunden oder Medaillen beeindrucken lassen. Gleichzeitig weist Hundlinger (2009) nach, dass sich der Weinabsatz prämierter Winzer im Jahr der Prämierung deutlich gegenüber den Vorjahren verbessert bzw. verschnellert und dazu sowohl Ab-Hof-Verkauf, Fachhandel als auch die Gastronomie als Abnehmer beitragen.

Ein breites Sortiment an gut ausgewählten Weinen wurde von allen Probanden als ideal empfunden. Dennoch sollte ein Lokal dem Gast die Auswahl auch dadurch erleichtern, indem nicht zu viele Weine angeboten werden. Für ein „durchschnittliches Lokal" wurden tendenziell bis maximal 50 Weine als adäquat angesehen. Nur in der gehobenen Gastronomie und in Lokalen mit deutlichem Weinschwerpunkt wird von den Probanden ein größeres Sortiment erwartet. Eine gute Auswahl offener Weine, auch mit Besonderheiten und neuen Weinen, wurde tendenziell von den Teilnehmern begrüßt. Eine „kleine" Weinkarte könne leicht durch das Geschick und Fachwissen des Gastronomen respektive seines Personals aufgewertet werden. Wichtig war allen Diskutanten, dass eine Auswahl von Weinen glasweise erhältlich ist.

5.3 Weinservice und -qualität in der Wiener Szenegastronomie – eine Mystery-Shopping-Analyse

Dienstleistungsqualität spielt besonders in der Gastronomie eine zentrale Rolle für den Unternehmenserfolg (Matzler und Stahl 2000). Da Wein in Österreich eines der beliebtesten alkoholischen Getränke ist (vgl. Papst 2011, S. 41; Statistik Austria 2011) und offener Weinverkauf, wie im Folgenden dargestellt, einerseits beständig zunimmt und andererseits von den Teilnehmern der Fokusgruppen wie oben dargestellt auch vermehrt gewünscht wird, bot sich eine Untersuchung der Qualität des Weines an sich und der Qualität des Weinservices auf wissenschaftlicher Basis an.

In der in Kap. 5.1.2 beschriebenen Angebotsanalyse zeigte sich, dass glasweise ausgeschenkter Wein in allen Lokalen verfügbar ist und mit einem Anteil an der Gesamtmenge der angebotenen Weine von insgesamt 37 % einen wichtigen Teil des Sortiments ausmacht. Aus unterschiedlichen Gründen, wie etwa der Einführung der 0,5-Promille-Grenze im Straßenverkehr, dem allgemein wachsenden Gesundheitsbewusstsein vieler Menschen und Lifestyle-Faktoren, konnte der offene Weinausschank im Vergleich zum Verkauf von Flaschen deutlich zulegen (Ernest-Hahn 2005, S. 125). Bei den Jüngeren, der Generationen X und Y, ist weltweit, vor allem aber in urbanen Gebieten und in der sogenannten Neuen Welt, etwa in Neuseeland und Australien, zu beobachten, dass Wein verstärkt mit Freunden oder in Gemeinschaft konsumiert wird (Papst 2011; Ritchie 2011; Pratten und Carlier 2010; Fountain und Lamb 2011). Ritchie (2011) beschreibt in ihrer Studie aber auch, dass der Flaschenkonsum in Lokalen für (jüngere) Menschen nicht die Regel ist und sie vermehrt das glasweise Angebot nutzen. Wenn also ein gutes Angebot an offenen Weinen vorhanden ist, kann dies die Nachfrage und den Umsatz steigern. Das heißt auch, dass eine breite und qualitativ hochwertige Auswahl an offenen Weinen als USP eines Lokals angesehen werden kann. Hier bleibt aber zu bedenken, dass eine große Anzahl an hochwertigen offenen Weinen, vor allem wenn es sich um eher teure Gewächse handelt, auch ein höheres Risiko mit sich bringt, da offener Wein durch Oxidation schnell an Frische einbüßt. So verlieren leichte Rot- und Weißweine schon nach wenigen Tagen ihr fruchtiges, frisches Aroma, schwerere Weine können hingegen länger offen stehen (Robinson 2003, S. 39).

Neben der Qualität des Weines ist die Kundenzufriedenheit aufgrund einer entsprechenden Dienstleistungsqualität ein wichtiges Kriterium für einen gelungenen Lokalbesuch. Diese zeigt sich unter anderem in der richtigen Auswahl der Gläser, dem obligatorischen Glas Wasser zum Wein und einem sauberen, ansprechenden Tisch. Die tatsächliche Qualität des Services und des Weins spielen hier eine ebenso große Rolle wie die vom Gast erwartete Qualität und die vom Gastronomen wahrgenommene Kundenerwartung (vgl. u. a. Parasuraman et al. 1985).

Ziel dieser Untersuchung war es, die Weinqualität unter anderem anhand von Temperaturmessungen und sensorisch beurteilter „Frische" der offenen Weine sowie die Servicequalität in der Wiener Gastronomie zu messen. Hierfür wurde die Mystery-Shopping-Analyse als bestmögliche Marktforschungsmethode identifiziert, da diese Methode auf der sogenannten versteckten Teilnahme basiert, das heißt, das betroffene Personal wird nicht in die Situation eingeweiht und verhält sich dadurch natürlich. In einer Interviewsituation wäre diese Natürlichkeit nicht gegeben (Atteslander 2003, S. 99 f.). So ist beispielsweise anzunehmen, dass Lokalbetreiber oder Personal nicht zugeben, dass sie offene Weine auch dann verkaufen, wenn diese schon über einen längeren Zeitraum offen stehen, oder dass sie von dem Sortiment wenig oder gar keine Ahnung haben.

5.3.1 Testlokale

Eine anzustrebende Vollerhebung der Grundgesamtheit war sowohl aus zeitlichen als auch aus finanziellen Gründen unmöglich, trotzdem wurde versucht, im Rahmen der Möglichkeiten so viele Lokale wie möglich zu untersuchen. Durch die Unterstützung der Firma Liebherr konnten insgesamt 70 Lokale zweimal getestet werden. Objektiv gesehen kann die Anzahl, gemessen an der Tatsache, dass 70 einfache Zufallsstichproben (Atteslander 2003, S. 305) aus der Grundgesamtheit der in Kap. 5.1.2 beschriebenen Szenelokalen eine Quote von knapp 20 % ergeben, als durchaus repräsentativ betrachtet werden. In Hinblick auf die Reliabilität und die Validität der Studie (vgl. Atteslander 2003, S. 330) wurde jedes Lokal von den Testern zweimal besucht. Dies war notwendig, um etwaige Verzerrungen durch besondere, eventuell einmalig auftretende Einflussfaktoren zu minimieren. So kann es bei einem einmaligen Besuch eines Lokals durch gewisse Umstände zu Personalknappheit durch Krankheit oder unerwarteten Besucheransturm kommen, was vermutlich die Servicequalität beeinflusst.

5.3.2 Mystery Shopper

Ein unauffälliges Verhalten und eine höchstmögliche Objektivität der Mystery Shopper sind für den Erfolg der Analyse von großer Bedeutung. Die Mystery Shopper sollten zur Zielgruppe der untersuchten Lokale passen und über das entsprechende soziodemografische Profil verfügen (Deckers und Henemann 2006, S. 28). Aufgrund der sensorischen Fragen musste aber auch darauf geachtet werden, dass es sich um Tester mit versierten Kenntnissen im Bereich Wein handelt. Aus diesem Grund wurden nur Personen ausgewählt, die über eine weinsensorische Ausbildung verfügten. Es handelte sich um Winzer, Gastronomen und Studierende des Masterstudiengangs „Internationales Weinmarketing" der FH Burgenland. Die Schulung erfolgte jeweils sowohl persönlich, face-to-face, als auch schriftlich in Form eines Scripts (vgl. Schmidt 2007, S. 93).

5.3.3 Bewertungskriterien und -skalen

Die Kriterien für die Mystery-Shopping-Analyse lassen sich in sechs Gruppen und insgesamt 38 konkrete Fragen bzw. Punkte und eine Rubrik „weitere Anmerkungen" unterteilen:

- *Servicequalität* mit insgesamt 21 Fragen
- *Weinqualität* mit zehn Fragen
- *Lagerung* mit drei Fragen
- *Gläser* mit zwei Fragen
- *Präsentation des Weins* mit einer Frage
- *Gesamteindruck* mit einer Frage

Da es bei einer Mystery-Shopping-Analyse naturgemäß sehr wichtig ist, dass die Tester nicht enttarnt werden, musste darauf geachtet werden, den Ablauf so zu gestalten, dass eine typische Kundensituation entstand. Außerdem war ein logischer und für die Tester leicht merk- und nachvollziehbarer Aufbau der Bögen und die Umsetzung in ein ebensolches Kundenszenario wichtig (Voeth et al. 2008, S. 33). Die nach ersten theoretischen Überlegungen entstandenen Beobachtungspunkte wurden in einem Pretest auf ihre Durchführbarkeit und Logik hin überprüft und teilweise adaptiert. Schließlich wurde ein Mix aus verschiedenen Skalen verwendet. Objektive Kriterien, wie das Geschlecht der Bedienung oder der Erhalt eines Glas Wasser, wurden mittels Nominalskalen abgedeckt, eher subjektive Empfindungen, wie die Freundlichkeit des Personals, mittels einer sechsstufigen Ordinalskala (von 1 *sehr positiv* bis 6 *sehr negativ*). Zusätzlich wurde noch Platz eingeräumt, um zusätzliche Eindrücke schriftlich festzuhalten, die anhand des Kriterienkataloges allein sonst nicht erfassbar gewesen wären wie: „Das Lokal war voll und das Serviceteam zahlreich, aber überfordert" oder „wirkte bei Fragen kompetent, leerte aber letzten Rest der Flasche mit neuem Wein gemeinsam ins Glas".

5.3.4 Ablauf der Erhebung

Die Datenerhebung erfolgte in insgesamt 14 Zweierteams im Zeitraum von Mitte April bis Mitte Juni 2013. Es wurden Lokale in zehn verschiedenen Wiener Gemeindebezirken besucht. Bei fast allen handelte es sich um „innere" Bezirke mit einer Postleitzahl zwischen 1010 und 1090; einige wenige Lokale befanden sich in der „Szenelokal-Insel" beim Yppenplatz im 16. Bezirk. Die Mystery-Shopper wurden dahingehend instruiert, dass sie sich den Beobachtungsbogen anhand des Scripts merken konnten, um beim Besuch des Lokals so unauffällig wie möglich zu erscheinen und die Mess- und Beobachtungsergebnisse in unbeobachteten Momenten einzutragen.

Das Mystery-Shopping-Szenario in diesem Beitrag sah folgenden Ablauf vor: Das Testerteam, bestehend aus zwei Personen, betrat das Lokal und nahm an einem Tisch seiner Wahl Platz, sofern es nicht schon am Eingang einem Tisch zugeteilt wurde. Ab dem Platznehmen wurde gestoppt, wie lange es dauerte, bis das Personal an den Tisch kam, wie lange die Bestellung dauerte und wie viel Zeit zwischen Aufforderung zum Zahlen und tatsächlicher Aushändigung der Rechnung verging. Anhand dieser Zeitintervalle war eine Messung der Servicequalität nach Zeit möglich. Wenn das Personal zur Aufnahme an den Tisch kam, wurden Fragen gestellt, um die Servicequalität und das Fachwissen des Personals zu erfassen. Die Fragen waren dabei immer die gleichen (siehe Tab. 5.2).

Schnellstmöglich nach Erhalt der Bestellung und dennoch unbeobachtet wurde die Temperatur des Weines mit einem digitalen Weinthermometer gemessen. Danach wurden die Kriterien Weinqualität durch Verkosten sowie Lagerung und Präsentation durch Beobachtung erhoben und aufgezeichnet.

Tab. 5.2 Auszug aus dem Fragebogen der Mystery-Shopping-Analyse. (Eigene Darstellung)

13	Frage: Welcher ist Ihr beliebtester offener Weißwein?					
Weiß es nicht	□	Geht nachfragen	□	Beantwortet spontan	□
14	Frage: Von welchem Winzer ist dieser?					
Weiß es nicht	□	Geht nachfragen	□	Beantwortet spontan	□
15	Von wo kommt dieser?					
Weiß es nicht	□	Geht nachfragen	□	Beantwortet spontan	□

5.3.5 Ergebnisse und Ableitungen für die Praxis

Die Analyse der Weinkarten der Wiener Szenegastronomie ließ schon erahnen, dass die Qualität bei offenen Weinen eine große Rolle spielt und dass Wiener Szenelokale durchwegs qualitativ hochwertige Weine anbieten. Wie dieses Angebot aber zum Gast gebracht wird und ob die hohe Qualität der angebotenen Weine auch als solche von den Testern wahrgenommen wurde, zeigte sich durch die Mystery-Shopping-Analyse. Die Ergebnisse sind in Servicequalität und Weinqualität unterteilt.

5.3.5.1 Servicequalität

Das Personal wurde insgesamt als freundlich bewertet. Dies wurde durch die Frage „werden freundlich begrüßt" und die Kontrollfrage „wirkt grimmig" erhoben. Es ist jedoch erwähnenswert, dass 7 % als „eher unfreundlich" bis „sehr unfreundlich" wahrgenommen wurden, gleichzeitig aber 12 % als „eher grimmig" und „grimmig". Bei der Messung der Servicequalität nach Zeit zeigte sich, dass das Servicepersonal in der Mehrzahl der Lokale durchaus schnell arbeitete. Hierfür wurde gestoppt, wie lange das Personal für die drei Serviceschritte Bestellannahme, Getränkeservice und Folgeleistung der Zahlungsaufforderung brauchte.

Die durchschnittliche Dauer der gemessenen Serviceleistungen war zufriedenstellend. Vom Eintreffen der Teams am Tisch bis zum Bestellen vergingen durchschnittlich 04:47 min (SD 03:47). Das Personal benötigte von der Aufnahme der Bestellung bis zum Erhalt des Getränkes im Schnitt lediglich 03:40 min (SD 03:03), somit in etwa genauso lange, wie es von der Anforderung der Rechnung bis zu deren Erhalt (03:18 min, SD 03:35) dauerte. Berücksichtigt man die Standardabweichung sowie die Maximalwerte mit, zeigen sich allerdings deutliche Unterschiede zwischen den Lokalen bzw. den gemessenen Zeiten. Der Einfluss der Zeit auf die Zufriedenheit der Kunden lässt sich dadurch belegen, dass nur ein Lokal einen sehr guten bzw. acht Lokale einen guten Gesamteindruck hinterlassen haben, wenn die Zeit zwischen Bestellung und Erhalt des Getränks länger als fünf Minuten betragen hat. Ähnlich verhält es sich mit den Beurteilungen des Gesamteindrucks, wenn die Zeit zwischen Zahlungsaufforderung und Erhalt der Rechnung in Betracht gezogen wird.

Das Fachwissen als Faktor der Servicequalität wurde durch gezielte Fragen hinsichtlich der Bestellung gemessen. Sowohl zu Weiß- als auch zu Rotweinen wurden jeweils drei Fragen gestellt (siehe Tab. 5.2). So konnte festgestellt werden, wie gut das Personal das eigene Angebot kannte und ob es in der Lage war, dem Gast bei der Auswahl zu helfen. Durchschnittlich konnten knapp drei Viertel aller Kellner alle sechs Fragen (einmal für Weiß-, einmal für Rotwein) spontan beantworten. Andererseits wusste fast jeder vierte Servicemitarbeiter nicht, woher der empfohlene Wein stammte. Bei diesen Fragen waren, wie bei vielen anderen Parametern, die Unterschiede zwischen dem ersten und zweiten Besuch vernachlässigbar. Es muss hier auch angemerkt werden, dass bei den Testern mehrmals der Eindruck entstand, dass es sich nicht um Fachwissen bezüglich Wein handelt, sondern dass das Beantworten der Fragen nur aufgrund von Auswendiglernen des Angebots möglich war. Dies wird einerseits bekräftigt durch das Ergebnis, dass die „ausführliche und freudige Auskunft", gemessen anhand einer Ordinalskala (1 = *sehr freudig*,..., 6 = *gar nicht freudig*) nur einen Mittelwert von 2,71 (SD 1,5) aufweist, und andererseits durch die Tatsache, dass in mehreren Lokalen zwar ein Wein inklusive Winzer und Herkunft empfohlen werden konnte, die Zusatzfrage nach den Rebsorten des angebotenen Cuvées aber ebenso oft unbeantwortet blieb wie jene nach dem verfügbaren Jahrgang. Da diese Zusatzfragen aber nicht im Bewertungskatalog vorgesehen waren und auch nicht systematisch erfasst wurden, konnten sie in den Ergebnissen keine Berücksichtigung finden.

Für die Präsentation der Weine steht den Lokalen eine Vielzahl an Möglichkeiten zur Verfügung. Die klassischen Präsentationsformen sind mündliche Empfehlungen, Weinbzw. Getränkekarten sowie Speisekarten, daneben können auch Tischaufsteller, Kreidetafeln, Schauflaschen und Plakate sowie das Anbieten von Weinen der Woche oder Tagesempfehlungen helfen, den Umsatz zu steigern. Abgesehen von einem einzigen Lokal wurde der offene Wein in allen Lokalen in den Wein-, Getränke- oder Speisekarten geführt. Nur wenige Lokale verwendeten darüber hinaus andere Formen der Präsentation. So fanden sich unter anderem in 19 Lokalen Schauflaschen, in elf Lokalen Kreidetafeln mit dem Weinangebot, aber nur vier Betriebe boten einen Wein der Woche bzw. des Monats an. Als andere (seltene) Promotionsformen sind Verkostungen, zum Beispiel mehrere offene Weine á 1/16 L zu einem fixen Preis, und dekorative Flaschen in Weinklimaschränken im Eingangsbereich zu nennen.

5.3.5.2 Weinqualität
Die Analyse der Qualität der angebotenen Weine erfolgte durch mehrere Untersuchungen. Eine ebenso heikle wie wichtige Frage war die Messung der Temperatur, die aufgrund der Unnatürlichkeit der Situation den schwierigsten Teil der Analyse darstellte. Das Qualitätskriterium Frische wiederum erforderte, wie schon erwähnt, Tester mit Kenntnissen in der Weinsensorik, was die Auswahl an möglichen Testpersonen stark reduzierte.

5.3.5.3 Temperatur
Die Trinkempfehlung für Wein, unabhängig, ob Rot oder Weiß, liegt bei ca. 15 bis 18 °C, da der Wein bei dieser Temperatur am besten sein ganzes Aroma entfalten kann (Robinson 2003, S. 65). Aufgrund der Erwartungshaltung der Gäste und der Tatsache, dass

Wein im Glas natürlich schnell an Temperatur zulegt und es deswegen leichter ist, einen Wein eventuell mit der Hand noch zu erwärmen, als ihn am Tisch nachträglich zu kühlen, liegt die Servierempfehlung für Weißweine in der Gastronomie in der Regel bei 8 bis 12 °C, für Rotweine bei 14 bis 18 °C, abhängig auch vom Körper der empfohlenen Weine (Ernest-Hahn 2005, S. 169). Die Mystery-Shopping-Analyse ergab, dass im Bereich der Trinktemperatur vor allem beim Rotwein Verbesserungspotenzial besteht. Spitzentemperaturen von 27 bzw. 12 °C und ein Durchschnitt von 21,36 °C (SD 2,78 °C) sind durch die Messungen belegt. Das heißt, dass auch der Durchschnittswert weit über der in der Literatur empfohlenen Trinktemperatur von rund 16 °C lag. Die durchschnittliche Außenlufttemperatur betrug im Untersuchungszeitraum 15 °C mit lediglich zwei Sommertagen[2]. Für heiße Monate mit vielen Sommer- oder sogar Hitzetagen[3] kann aus diesem Grund von noch wesentlich höheren Serviertemperaturen für Rotwein ausgegangen werden. Durch die Beobachtungen zeigte sich, dass zwei Drittel aller besuchten Lokale die Rotweine offen, das heißt ohne jegliche Kühlung meistens auf oder hinter der Schank (Theke, Tresen) lagern. Auch beim Weißwein gab es eine große Bandbreite an gemessenen Temperaturen zwischen 5 und 17,5 °C. Der Mittelwert liegt hier bei 10,52 °C (SD 2,58 °C) für die erste und bei 10,11 °C (SD 2,54 °C) für die zweite Testphase. Insgesamt ergab sich eine mittlere Temperatur von 10,33 °C (SD 2,56 °C)[4] für die Weißweine.

Setzt man die Temperatur in Beziehung zu dem Verkaufspreis des Weines, ist bei Rotwein kein Zusammenhang zwischen Preis und Serviertemperatur festzustellen. Beim Weißwein liegt die Temperatur bei teureren Weinen um 1 °C niedriger als bei Weinen unter 4 €.

5.3.5.4 Frische und Geschmack

Da gerade im offenen Weinausschank das Problem besteht, dass Wein schon nach kurzer Zeit an Aroma und Frische verliert, war dies ein zentrales Thema der Analyse. Die Tester wurden angewiesen zu prüfen, wie frisch der Wein war, um danach rein subjektiv anzugeben, wie er ihnen schmeckte. So konnten einerseits beide Komponenten einzeln oder in Kombination mit der Temperatur bewertet werden. Jancis Robinson beschreibt das Problem der Oxidation folgendermaßen: „[…] zuerst verliert er (der Wein, Anm.) sein frisches, fruchtiges Aroma, dann wird er schal und am Ende ist er völlig flach und ungenießbar […]" (Robinson 2003, S. 39).

Grundsätzlich oxidieren leichte Weine schneller als körperreiche, aber nach einigen Tagen sind alle offenen Weine durch den Kontakt mit Luft verdorben und ungenießbar. Diverse Hilfsmittel wie eine kalte Lagerung, die Verwendung von Vakuumpumpen oder eine Überlagerung mit diversen Schutzgasen können die Oxidation hinauszögern. Generell sollte aber durch ein gutes Weinservice und aufmerksames Personal gewährleistet sein,

---

[2] Tageshöchsttemperatur mindestens 25 °C (Magistrat der Stadt Wien 2014).

[3] Tageshöchsttemperatur mindestens 35 °C (Magistrat der Stadt Wien 2014).

[4] $n = 140$.

dass geöffnete Flaschen in wenigen Tagen ausgeschenkt werden und etwaige oxidierte Reste nicht mehr serviert werden (Ernest-Hahn 2005, S. 127).

In den getesteten Lokalen war zu erkennen, dass Weißwein frischer angeboten oder zumindest von den Testern frischer empfunden wurde als Rotwein. Dies könnte einerseits auf die generell schlechtere (zu warme) Lagerung bei Rotwein zurückzuführen sein oder auf die Annahme, dass generell oder im Untersuchungszeitraum (Frühling) mehr Weißwein konsumiert wird als Rotwein und dadurch die Standzeit der offenen Flaschen geringer ist. Einige Autoren weisen im Zusammenhang mit dem Weinkonsum in der Gastronomie und den glasweisen Ausschank zumindest bei jungen Menschen auf die Präferenz von Weißwein hin (vgl. Papst 2011, S. 44 f.; Teagle et al. 2010, S. 6).

Die Beziehung zwischen Frische und subjektivem Geschmacksempfinden zeigte sich im Ergebnis, wonach kein einziger Wein mit sehr gutem oder gutem Geschmack beurteilt wurde, wenn er nicht zumindest „eher frisch" war. Bei Weißweinen war hier die Toleranzgrenze geringer als bei Rotweinen. Insgesamt wurde 73 % aller Weißweine, aber nur 59 % aller Rotweine ein sehr guter oder guter Geschmack attestiert. 90 % aller Weine waren „frisch" oder „sehr frisch", allerdings nur 69 % der Rotweine.

5.3.5.5 Preis und bevorzugte Rebsorten

Der Durchschnittspreis der empfohlenen und getesteten Weine liegt bei 4,00 € (SD 1,2) für ein Achtel Weißwein bzw. 4,32 € (SD 1,56) für ein Achtel Rotwein, was doch deutlich über dem in Kap. 1.2. vorgestellten Mittelwert von 3,37 bzw. 3,62 € liegt. Dies könnte auf die Tatsache zurückzuführen sein, dass bei Empfehlungen vom Kellner tendenziell nicht der günstigste Wein angeboten wird, sondern eher Weine im oberen Preissegment empfohlen werden. Setzt man die Preise der Weine in Bezug zu den einzelnen Bezirken, zeigt sich, dass die Bezirke 1010 bis 1050 deutlich höhere Durchschnittspreise aufweisen als die Lokale in den anderen Bezirken. Dies könnte auf unterschiedliche Zielgruppen und damit verbunden differenzierte Preis- und Produktstrategien schließen lassen und zeigt eventuell den Einfluss von Preisen der Mitanbieter und Fixkosten (Mieten) auf die Preisgestaltung bei Wein. Die Auswertung der Rebsorten bzw. Weintypen zeigt, dass bei den Empfehlungen des Servicepersonals bei den Weißweinen die heimischen Rebsorten klar dominieren und frische, leichte Weintypen bevorzugt empfohlen und bestellt werden, bei Rotweinen aber Cuvées, die auch kräftiger im Alkohol sind, an der Spitze liegen.

5.3.5.6 Lagerung

Die richtige Lagerung der Weine ist von mehreren Faktoren abhängig. Der Platz im Lokal ist oft beschränkt und eine Lagerung im Keller aufgrund des zu weiten Weges zumindest für offene Weine nicht möglich. Bei der Kontrolle wurde darauf geachtet, wo die Weine für den offenen Verkauf aufbewahrt wurden. Es zeigte sich, dass die Lagerung der Weine für Weißwein und Rotwein sehr unterschiedlich ist. Weißwein wird vor allem in Kühlladen und offenen Kühlwannen (dem sogenannten Sumpf) aufbewahrt, während Rotweine meistens offen auf der Theke (67 %) gelagert werden. Dadurch sind die Flaschen einerseits äußeren Faktoren wie Wärme, Erschütterungen und Tageslicht ausgesetzt, andererseits dienen sie auch als Werbemittel. Nur rund ein Viertel der untersuchten Lokale besaß einen oder mehrere Weinklimaschränke zur adäquaten Lagerung von Rotwein.

5.4 Conclusio und Diskussion

Das Weinangebot der Wiener Szenegastronomie ist sowohl in der Preisgestaltung als auch in der Auswahl der Rebsorten und der Herkunft sehr vielfältig. Bei offen verkauften Weinen bewegt sich der Preis für einen Achtelliter Wein meist zwischen 2,00 und 6,00 €, bei einem Mittelwert von 3,50 €. Bei 0,75-L-Flaschen liegt dieser bei knapp unter 50 €, wobei große Unterschiede zwischen Weiß-, Rot- und Roséweinen festzustellen sind (siehe auch Tab. 5.1). Bei Schaumweinen reichen die Mittelwerte von 22 € für Prosecco bis zu 140 € bei Champagner. Sonderflaschengrößen wie Halb- oder Magnumflaschen spielen eine untergeordnete Rolle.

Bei der Herkunft dominiert ganz klar der österreichische Wein, gefolgt von den drei größten Weinbauländern und der Neuen Welt. Es gibt aber mit insgesamt 22 eine durchaus beachtliche Vielzahl an vorhandenen Ländern. Innerhalb Österreichs sind alle Weinbaugebiete vertreten, mit der Südsteiermark (Weiß) und dem Neusiedlersee (Rot) an der Spitze.

Über 70 vorhandene Rebsorten zeigen, dass reinsortige Weine offensichtlich stark nachgefragt werden. Interessant ist der Umstand, dass die Listungen einzelner Rebsorten, abgesehen von der Vorherrschaft des Veltliners, kaum der Rebflächenverteilung in Österreich entsprechen. Chardonnay, Sauvignon blanc, Gelber Muskateller, Riesling, Blaufränkisch und Pinot Noir sind wesentlich präsenter, als dies die Rebflächenstatistik vermuten ließe. Müller-Thurgau, Welschriesling, Blauer Portugieser und Blauburger sind in Relation zur bepflanzten Fläche deutlich unterrepräsentiert in Wiens Szenelokalen.

Als wichtigstes Auswahlkriterium für Wein in der Gastronomie wird sowohl in Australien (Corsi et al. 2012) als auch in den USA (Choi und Silkes 2010) auf die Rebsorte verwiesen. Die Wichtigkeit der Sorte kann durch die hohe Anzahl der gelisteten Rebsorten (über 70) und den Aussagen der Teilnehmer an unseren Fokusgruppendiskussionen auch in Wien angenommen werden. Im Widerspruch zu Corsi et al. (2012), die die Wichtigkeit von Bewertungen und Prämierungen in Weinlisten und -karten hervorheben, gaben die österreichischen Probanden dieser Studie, wie schon zuvor in anderen in Österreich durchgeführten Studien (Gansrigler 2008; Hundlinger 2009) an, dass diese keinen Einfluss auf ihre Entscheidungen hätten. Weinbeschreibungen in der Karte wurden als eher hinderlich beurteilt. Dies deckt sich mit Erkenntnissen aus vorangegangenen Studien, die belegen, dass Konsumenten sensorischen Weineigenschaften und -beschreibungen (z. B. würzig) gänzlich andere Wörter zuordnen als professionelle Verkoster oder Weinkritiker (Lesschaeve 2006).

Die Diskussionsteilnehmer dieser Studie gehen mit den Forderungen von Sims (2012) konform, die eine klar strukturierte und leicht handzuhabende Weinkarte fordert. Sie erläutert in ihrer Studie den Bedarf einer Ausgewogenheit bezüglich der angebotenen Weinstilen und der Preisgestaltung, geringere Aufschläge bei hochpreisigen Weinen, geschultes Personal und eine auf die typischen Gäste des Lokals angepasstes Angebot. Diese Forderungen wurden durch Aussagen in allen drei Fokusgruppendiskussionen unterstrichen. Die Umsetzung in der Wiener Szenegastronomie lässt dabei in den meisten Punkten noch auf sich warten: Vor allem bei Schaumweinen und Prestigeflaschen führen Aufschläge zu sehr hohen Preisen. Die Weinstile ähneln sich zudem in sehr hohem Maße. Was das geschulte Personal betrifft, zeigte unsere Mystery-Shopping-Analyse, dass zwar knapp drei Viertel des Personals die Basisfragen zum Wein beantworten konnten, aber teilweise der Eindruck entstand, dass es sich hierbei nicht um Fachwissen, sondern um die auswendig gelernte Kenntnis des Angebots handelte.

Ernest-Hahn (2011, S. 342–346) empfiehlt Gastronomen in den Schlussfolgerungen ihrer Studie zu prüfen, ob eine (zusätzliche) Zielgruppe vorhanden ist, für die ein (höherwertiges) Weinangebot erstellt werden kann, und wie groß das Angebot glasweise ausgeschenkter Weine sein sollte. Unsere Diskutanten aus der Wiener Szenegastronomie betonten in den Diskussionsrunden, dass das Angebot interessant und umfangreich, gleichzeitig aber auch überschaubar sein sollte. Trendsorten wie Muskateller, Sauvignon und Chardonnay sowie rote Cuvées scheinen in diesem Zusammenhang wichtig.

5.5 Implikationen für die Praxis

Alles in allem kann für die Wiener Szenegastronomie eine gute, wenn auch steigerungsfähige Performance in Bezug auf Weinangebot und -service attestiert werden. Durchschnittlich 32 Weinartikel pro Lokal, Rebsortenvielfalt und die Affinität zu österreichischen Weinen zeugen von einer zufriedenstellenden Übereinstimmung von Konsumentenwünschen mit Angebot und Leistungen der Gastronomen in diesen Bereichen. Die Wichtigkeit von Wein- und Servicequalität für die Zufriedenheit der Kunden wurde klar herausgestellt und sollte ein hohes Anliegen der Gastronomie sein. Gerade im Bereich des immer stärker werdenden glasweisen Verkaufs ist noch einiges in den Bereichen Temperatur und Frische der Weine zu tun. Die Erweiterung des Sortiments um interessante, aber wenig bekannte Weine kann den Verkauf und die Umsätze steigern, bedarf aber eines erhöhten Engagements des Personals, da das empfundene Risiko für den Gast größer ist. Eine Möglichkeit, die Dienstleistungsqualität der einzelnen Lokale zu verbessern, wäre es, regelmäßige Mystery-Shopping-Tests speziell für ein bestimmtes Lokal „maßzuschneidern" und diese mehremals zu wiederholen.

5.6 Limitationen

Für die Angebotsanalyse wurden großteils Weinkarten, die auf der Website des jeweiligen Szenelokals zu finden waren, herangezogen. Aufgrund des Vorkommens zahlreicher nicht aktueller Jahrgänge (speziell bei Weißweinen) kann vermutet werden, dass die Karten nicht immer den aktuellen Lagerstand wiedergeben. Während vermutet werden kann, dass sich die Zusammenstellung des Weinangebots gar nicht oder nur unwesentlich verändert hat, ließen sich aus diesem Grund keine Schlussfolgerungen auf angebotene Jahrgänge ziehen.

Die Probanden der Fokusdiskussionen waren alle in Wien bzw. Wien-Umgebung beheimatet und österreichischer Herkunft. Daraus ergibt sich die Einschränkung, dass (Tages-)Touristen, Menschen ausländischer Herkunft, die in Wien leben, und Geschäftsleute, die vielleicht sogar regelmäßig in Wien weilen und Szenelokale aufsuchen, mit ihren Meinungen, Einstellungen sowie Wahl- und Konsumverhalten in Bezug auf Wein nicht erfasst wurden.

Die Ergebnisse der Mystery-Shopping-Analyse sind durch den zeitlichen Rahmen der Studie limitiert, da sowohl das Trinkverhalten der Gäste als auch die Außentemperaturen, welche im Zeitraum der Studie, im Mai 2013, für diese Jahreszeit unterdurchschnittlich ausfielen, Einfluss auf Messungen, Bewertungen und Beobachtungen haben können.

Die Auswahl der Lokale erfolgte durch die Vorgabe der im Falter gelisteten Szenelokale ohne Rücksicht darauf, um welche „Szene" es sich handelt. Dadurch wurden auch, wenn auch nur wenige, Lokale besucht, die generell keinen großen Wert auf Weinverkauf zu legen scheinen. Wie bereits erwähnt, geben unsere Erkenntnisse keinen Aufschluss darüber, wie viele Gläser oder Bouteillen von den einzelnen Weinen tatsächlich bestellt/ umgesetzt werden.

Literatur

Atteslander P (2003) Methoden der empirischen Sozialforschung, 10. Aufl. Walter de Gruyter, Berlin

BMLFUW Bundesministerium für Land- und Forstwirtschaft, Umwelt- und Wasserwirtschaft (Hrsg) (2010) Lebensmittelbericht Österreich 2010. Selbstverlag, Wien

Choi J, Silkes C (2010) Measuring customer wine satisfaction when dining at a restaurant. J Quality Assur Hospit Tour 11:132–146

Corsi AM, Mueller S, Lockshin L (2012) Let's see what they have: what consumers look for in a restaurant wine list. Cornell Hospit Q 53:110–121

Deckers R, Heinemann G (2006) Mystery shopping: mit Testkäufern Verkauf und Service nachhaltig verbessern. Business Village, Göttingen

Dröge F, Krämer-Badoni T (1987) Die Kneipe. Zur Soziologie einer Kulturform. Suhrkamp, Frankfurt a. M.

Ernest-Hahn S (2005) Wein in der Gastronomie. Ertrag steigern und Profil gewinnen. Matthaes Verlag, Stuttgart

Ernest-Hahn S (2011) Welchen Wein braucht die Gastronomie? In: Fleuchaus R, Arnold R (Hrsg) Weinmarketing. Kundenwünsche erforschen, Zielgruppen definieren, innovative Produkte entwickeln. Gabler, Wiesbaden

Falter (Hrsg) (2012) „Wien, wie es isst …". Szenelokale Wien. http://www.falter.at/web/wwei. Zugegriffen: 15. April 2012

Fountain J, Lamb C (2011) Generation Y as young wine consumers in New Zealand: how do they differ from generation X? Int J Wine Bus Res 23:107–124

Gansrigler O (2008) Welchen Einfluss haben Weinguides und Weinmagazine auf den Weinkauf in einer Vinothek? Bachelorarbeit, Hochschulschrift Eisenstadt, Fachhochschul-Studiengang Internationales Weinmanagement, FH Burgenland

Hundlinger B (2009) Welchen Einfluss haben Fachjournalismus und Bewertungen auf den Weinabsatz in Österreich? Bachelorarbeit, Hochschulschrift Eisenstadt, Fachhochschul-Studiengang Internationales Weinmanagement, FH Burgenland

Lesschaeve I (2006) The use of sensory descriptive analysis to gain a better understanding of consumer wine language. Refereed Paper, 3rd International Wine Business & Marketing Research Conference, Montpellier, 6.–8. Juli 2006

Magistrat der Stadt Wien, Lufttemperatur. http://www.wien.gv.at/statistik/lebensraum/tabellen/lufttemperatur.html. Zugegriffen: 15. Juni 2014

Malzer J, Nickel H (2000) Szenelokale und ihre Bedeutung für die Ausbildung sozialer Milieus. Universität Bayreuth

Matzler K, Stahl HK (2000) Kundenzufriedenheit und Unternehmenswertsteigerung. DBW 60:626–641

Mayring P (2010) Qualitative Inhaltsanalyse – Grundlagen und Techniken. Beltz, Weinheim

ÖWM – Österreich Wein Marketing (2011) Dokumentation Österreich Wein. Teil 1: Aufbau des Weinlandes Österreich. http://www.oesterreichwein.at/daten-fakten/dokumentation-oesterreichwein-2010/. Zugegriffen: 12. Mai 2012

Papst K (2011) Millennials & Wein in Wien. Diplomarbeit, Fachhochschul-Studiengang Internationales Weinmanagement, FH Burgenland

Parasuraman A, Zeithaml VA, Berry L (1985) A conceptual model of service quality and its implications for future research. J Mark 49:41–50

Plohmann M (2003) Analyse der Nutzererwartung und Bedürfnisstruktur der Gäste in der Trend- und Szenegastronomie vor dem Hintergrund der kulturellen Nachhaltigkeit. Diplomarbeit, FH Heilbronn

Pratten JD, Carlier JB (2010) Wine sales in British public houses. Int J Wine Bus Res 22:62–72

Ritchie C (2011) Young adult interaction with wine in the UK. Int J Contemp Hospit Manage 23:99–114

Robinson J (2003) Der Degustationskurs. Hallwag, München

Schmidt K (2007) Mystery shopping. Leistungsfähigkeit eines Instrumentes zur Messung der Dienstleistungsqualität. Deutscher Universitäts-Verlag, Wiesbaden

Schulze G (2000) Die Erlebnis-Gesellschaft. Kultursoziologie der Gegenwart, 8. Aufl. Studienausg.- Campus Verlag, Frankfurt a. M.

Sims F (2012) Building a wine list. Cater Hotelk 202(4710):32–33

Statistik Austria (2011) Konsumerhebung 2009/10: Ein Blick in die österreichische Speisekammer. http://www.statistik.at/web_de/presse/056067. Zugegriffen: 1. Juni 2013

Teagle J, Mueller S, Lockshin L (2010) How do Millennials' wine attitudes and behaviour differ from other generations? Conference Proceedings, 5th International Academy of Wine Business Research Conference, Auckland. http://academyofwinebusiness.com/wp-content/uploads/2010/04/Teagle-How-do-millenials-wine-and-behaivior-differ.pdf. Zugegriffen: 12. Juni 2013

Voeth M, Herbst U, Barisch S (2008) Verdeckte Ermittlungen auf dem Messestand. Absatzwirtsch Z Mark 1:30–33

6 GBOO: Gäste-/Besucherbefragung – offen und online

Dietmar Kepplinger

6.1 Gästebefragung in der Gastronomie

Die generelle Idee hinter der GBOO Die Struktur seiner Gäste, ihre Zufriedenheit und ihr Besuchsverhalten kontinuierlich im Auge zu behalten, liefert wertvolle Hinweise für die tagtägliche Marketingarbeit in Gastronomiebetrieben: Oft sind es Kleinigkeiten in der Gestaltung des Angebotes, die die Zufriedenheit und damit den Umsatz pro Gast, die Wiederbesuchsabsicht bzw. die Weiterempfehlungsbereitschaft deutlich erhöhen. Und auch kommunikationspolitische Maßnahmen lassen sich mit diesem Wissen zielgruppen-genauer und effizienter umsetzen. Die Planung und Durchführung von Gästebefragungen in Gastronomiebetrieben ist jedoch nicht ganz so einfach, wie es auf den ersten Blick scheinen mag; es sind eine ganze Reihe von Entscheidungen zu treffen, und da und dort ist Fachwissen notwendig, um zu reliablen (zuverlässigen – „Wird richtig gemessen?") und validen (gültigen – „Wird das Richtige gemessen?") Ergebnissen zu gelangen.

Die langjährige Beschäftigung mit Gästebefragungen und Besucherforschungsprojekten sowie viele Diskussionen darüber mit Vertretern von Betrieben, Institutionen, (Tourismus-)Organisationen, Beratungsunternehmen sowie Forschungseinrichtungen haben zur Entwicklung der offenen Online-Gäste-/Besucherbefragung (GBOO) geführt. Sie ist ein Kooperationsprojekt der Kondeor Marketinganalysen GmbH und des Instituts für Tourismusmanagement der FHWien der WKW, unterstützt durch das Büro Wien der Tourismuswerbung Flandern – Brüssel. Die GBOO verbindet also die Interessen der Tourismuspraxis, der Tourismusausbildung und der Tourismusforschung. Dies bringen auch die untenstehenden tabellarischen Auflistungen der Forschungsinteressen zum Ausdruck, die

D. Kepplinger (✉)
Wien, Österreich
E-Mail: dietmar.kepplinger@kondeor.at

© Springer Fachmedien Wiesbaden 2015
K.-P. Fritz, D. Wagner (Hrsg.), *Forschungsfeld Gastronomie,*
Forschung und Praxis an der FHWien der WKW, DOI 10.1007/978-3-658-05195-2_6

zeigen, dass die daraus resultierenden Erkenntnisse unmittelbar wieder der Tourismuspraxis, unter anderem den Gastronomiebetrieben, zugutekommen können. Seit Juni 2011 ist
der GBOO-Fragebogen durchgehend online; insgesamt wurden in den ersten drei Jahren
rund 4000 mit der GBOO in Zusammenhang stehende Fragebögen ausgefüllt.

Der Fragebogen der GBOO ist modular aufgebaut; neben jenem für Gastronomiebetriebe gibt es acht weitere Module für Tourismusorte, Beherbergungsbetriebe, Radrouten,
Museen, Theater/Opernhäuser, Veranstalter (Konferenzen, Vorträge, Seminare), Musik-
festivals/Konzerte/Open Airs sowie für Fitnesseinrichtungen. Bei Bedarf können zusätzliche Teilbereiche der Tourismus- und Freizeitwirtschaft integriert werden. Die Befragten
kombinieren diese Module für einen konkreten Aufenthalt an einem bestimmten Ort völlig
frei, nur bei der Beurteilung von Beherbergungsbetrieben wird das Modul Tourismusort
automatisch in den Fragebogen mit aufgenommen. Damit findet die starke Vernetzung
der touristischen Leistungsträger bei dieser Erhebung der Gäste- bzw. Besucherzufrieden-
heit Berücksichtigung. Unter anderem führt das dazu, dass mittelfristig untersucht werden
kann, ob und wie die Zufriedenheit mit anderen – davor und/oder danach besuchten – Betrieben bzw. Institutionen einen Einfluss auf die Zufriedenheit mit dem Untersuchungsob-
jekt hat. Bis einschließlich Juli 2014 wurde 524-mal mehr als ein Modul gewählt (nämlich
zwei bis sechs). Dabei ergeben sich zum Beispiel Hinweise auf einen Zusammenhang
zwischen der Gesamtzufriedenheit mit dem Gastronomiebetrieb und der Gesamtzufriedenheit mit dem Theater-/Opernbesuch, dem Beherbergungsbetrieb und dem besuchten
Ort. Darüber hinaus folgt diese modulare Form der Datenerhebung der Forschungsfrage,
ob Gesamturteile zu bestimmten Angeboten eines Ortes bzw. einer Destination ein ähnliches Ergebnis zeigen, wie die Aggregation der Beurteilungen einzelner Betriebe bzw. Institutionen. Diesbezüglich kann aufgrund der vorliegenden Ergebnisse die Hypothese aufgestellt werden, dass Gesamturteile zur Gastronomie einer Destination besser ausfallen als
der Durchschnitt der Zufriedenheitswerte einzelner Gastronomiebetriebe dieser Destination. So liegt der Durchschnittswert der Gesamtzufriedenheit mit den einzelnen Gastro-
miebetrieben bei 2,15 (siehe Abb. 6.1) der im Rahmen des GBOO-Modules Tourismusort
erhobene Durchschnittswert für die Gastronomie insgesamt dagegen bei 1,95 ($n = 128$).
Interessant sind die Benchmarks zu Letzterem: T-MONA weist für die Gastronomie im
Winter 2013/2014 ein nahezu identes Ergebnis von 1,98 aus (Österreich Werbung: T-MO-
NA Österreich-Urlauber im Winter 2013/2014, Ergebnisse der T-MONA Urlauberbefra-
gung 2013/2014), für den Sommer 2011 liegt dieser Wert bei 1,81 (Österreich Werbung:
T-MONA Österreich-Urlauber im Sommer 2011, Ergebnisse der T-MONA Urlauberbefra-
gung 2010/2011; auch diese Ergebnisse ergaben sich aus einer sechsstufigen, allerdings
asymmetrisch von „1 = äußerst begeistert" bis „6 = eher enttäuscht" beschrifteten Skala;
siehe „Die Inhalte der Befragung: Der Fragebogen"). Dies führt noch zu einem weiteren
Forschungsinteresse, nämlich der Untersuchung der Frage, inwieweit die im Rahmen der
GBOO eingesetzten Datenerhebungsmethoden (siehe unten) zu repräsentativ erhobenen
Daten, zum Beispiel anhand von Quotenvorgaben geführten persönlichen Interviews, vergleichbare Ergebnisse liefern.

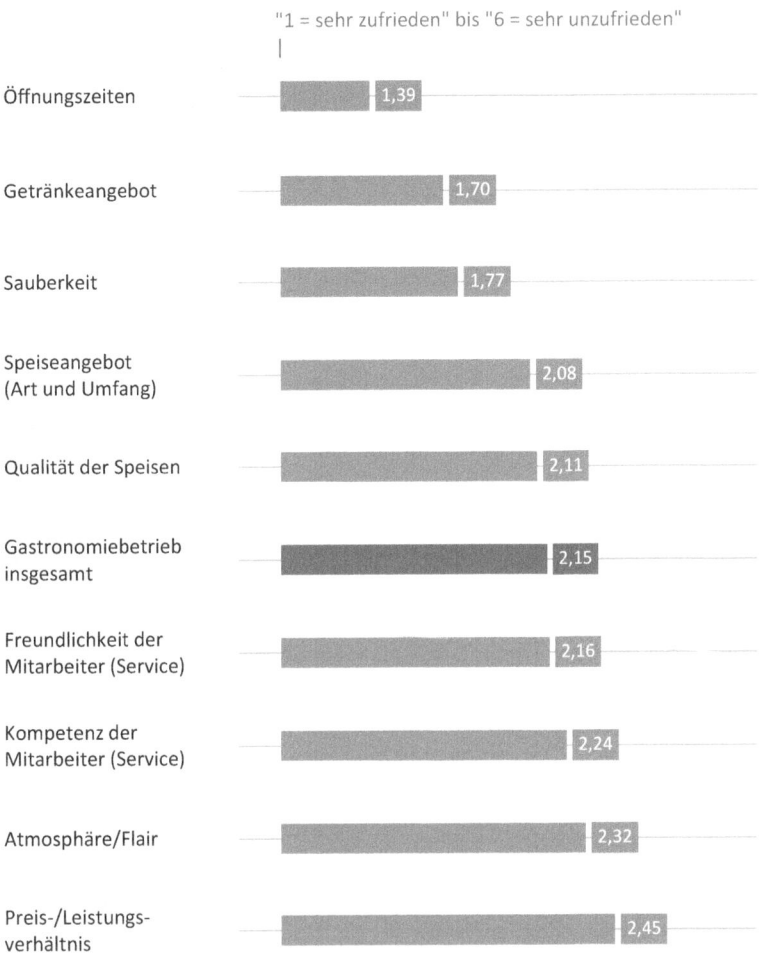

Abb. 6.1 Gesamt- und Teilzufriedenheiten. (Eigene Darstellung)

Diese starke Forschungsorientierung der GBOO bringt für die Tourismuswirtschaft und damit auch für die Gastronomiebetriebe einen sehr interessanten Aspekt mit sich: Für die Nutzung des Online-Fragebogens und der Online-Reports werden aktuell keine Kosten in Rechnung gestellt! Weiterführende Informationen, zum Beispiel zu den Nutzungsbedingungen, sowie Links rund um die GBOO sind online auf der Website www.kondeor.at/gboo zu finden.

Die Datenerhebungsmethoden Wie der Name schon zum Ausdruck bringt, werden im Rahmen der GBOO die Daten in erster Linie online erhoben (CAWI – Computer Assisted Web Interviews). Die Verlinkung auf den programmierten Fragebogen steht allen Interessierten offen; auf Anfrage kann auch ein individueller Link zur Verfügung gestellt werden. Bei der Nutzung dieses individuellen Links werden von vornherein bekannte Eckdaten, wie zum Beispiel der Name des Gastronomiebetriebes, sein Standort (Land/Bundesland) und der Betriebstyp, nicht mehr abgefragt, sondern bei jedem ausgefüllten Fragebogen automatisch in die Datenbank mit übertragen. Hinweise auf diesen Link können über verschiedenste Kanäle an die Gäste kommuniziert werden: Auf der Homepage, in E-Mail-Newslettern oder -Veranstaltungseinladungen, durch einen Rechnungsaufdruck (auf den zum Beispiel bei der Übergabe besonders hingewiesen wird), in der Speisekarte, durch Aufsteller, auf Visitenkarten/Flyern, via Facebook, Twitter oder andere Social-Media-Kanäle usw. Zusätzlich oder alternativ zur Online-Befragung können schriftliche Befragungen durchgeführt werden, zum Beispiel durch Fragebogenaufsteller oder in der Form von sogenannten „betreuten Selbstausfüllern", bei der persönlich zur Befragung eingeladen wird und die Fragebögen nach dem Ausfüllen wieder persönlich eingesammelt werden. Wichtig bei diesen schriftlichen Fragebögen ist, dass sie hinsichtlich der grafischen Gestaltung und des Layouts ansprechend und zum Betrieb passend gestaltet sind. Möglich, in der Gastronomie jedoch selten, sind auch persönliche GBOO-Interviews. Alles in allem wirken sich Online-Fragebögen, die im Nachhinein ausgefüllt werden können, am wenigsten störend auf das bei vielen Besuchern von Gastronomiebetrieben zentrale Element des „Besuchserlebnisses im weitesten Sinn" aus.

Eine die Befragung begleitende Maßnahme kann die Bereitstellung von Incentives für die Befragungsteilnehmer sein, etwa „ein Getränk zum halben Preis" oder Ähnliches. Hier ist hinsichtlich der zeitlichen und mengenmäßigen Gültigkeit jedoch Vorsicht bei der Formulierung des Angebotes geboten; ein weiterer Nachteil besteht darin, dass in Abhängigkeit von der gewählten Datenerhebungstechnik fallweise nicht alle Befragten davon Gebrauch machen können. Als ein Vorteil kann jedoch die mögliche Stimulierung der Nachfrage gesehen werden. Alternativ dazu wird daher häufig die Teilnahme an einem Gewinnspiel angeboten; ein unternehmensspezifischer Hinweis auf die verlosten Preise scheint im GBOO-Fragebogen auf. Auch hier sollten die rechtlichen Rahmenbedingungen beachtet werden, insbesondere in Bezug auf die Nutzung der dazu erhobenen personenbezogenen Daten und allfällige Glücksspielabgaben für Gewinnspiele und Preisausschreiben. Apropos: Fragen dieser Art werden in einem moderierten „GBOO-Blog" diskutiert.

Die GBOO bietet die Möglichkeit, kontinuierlich Zufriedenheitsdaten der Gäste zu erheben. Und sie kann als Teil des Beschwerdemanagements genutzt werden; zum Beispiel, indem der Fragebogen mit dem offenen Feedback-Feld über einen Link auf der Homepage durchgehend angeboten wird. Relativ beliebt ist alternativ dazu die Variante, die GBOO als „Basisinstrument" einzusetzen und sie mit punktuellen, umfassenderen oder mit wechselnden Schwerpunktinhalten versehenen Gästebefragungen zu ergänzen. Die im jeweiligen Fall konkret umgesetzte Vorgangsweise determiniert, ob die erhobenen Daten repräsentativ für die Gäste des jeweiligen Gastronomiebetriebes sind. Einerseits führt eine breite Streuung des Umfrage-Links, verbunden mit einer Selbstselektion der Befragungsteilnehmer (das heißt, die Befragten entscheiden selbst, ob und wann sie den Fragebogen wie oft ausfüllen), in der Regel nicht zu einer die Grundgesamtheit aller Gäste eines bestimmten Zeitraumes repräsentierenden Stichprobe. Dies gilt auch dann, wenn die Auswahl der Befragten den Mitarbeitern (z. B. den Kellnern) völlig freigestellt wird. Häufig liegen in Gastronomiebetrieben zu den interessierenden bzw. als relevant erachteten Merkmalen der Grundgesamtheit keine Erkenntnisse vor; damit ist in diesen Fällen keine sich an die Datenerhebung anschließende Datengewichtung und somit keine nachträgliche Sicherstellung der Repräsentativität möglich. Im Bewusstsein dieser Sachlage und allenfalls im Sinne einer qualitativen Marktforschung können die erhobenen Daten jedoch sehr wohl interessante und relevante Erkenntnisse liefern. Andererseits gibt es Möglichkeiten, bestmöglich repräsentative Stichproben zu generieren. Eingesetzt werden können reine Zufallsstichproben (durch den Einzelhandel einer breiteren Öffentlichkeit bekannt geworden sind zum Beispiel mit einem Zufallszahlengenerator gekoppelte, online generierte und auf Rechnungen aufgedruckte Zugangscodes zum Fragebogen), systematische Zufallsstichproben (bei denen z. B. jeder x-te Gast zur Befragung eingeladen wird), geschichtete Zufallsstichproben (z. B. nach Besuchsmerkmalen, wie etwa mit/ohne Reservierung) und fallweise auch die Klumpenauswahl (z. B. nach Zeitblöcken innerhalb der Öffnungszeiten einer Woche).

Eng damit in Zusammenhang stehen die Fragen nach dem Untersuchungs- bzw. Erhebungszeitraum und nach dem notwendigen Stichprobenumfang, also nach der Zahl der Fragebögen, die für diesen Erhebungszeitraum ausgefüllt vorliegen sollten. Häufig unterscheiden sich die Gästestruktur und eventuell auch die Gästezufriedenheit im Tages-, Wochen-, Monats-, Saison-, Jahreszeit- und Jahresverlauf. Dieser Umstand spricht für eine kontinuierliche Datenerhebung. Kann aufgrund zeitlicher oder finanzieller Restriktionen nur ein Teil der Öffnungszeiten durch die Gästebefragung abgedeckt werden, sollte es in der Regel vermieden werden, diese Ergebnisse als stellvertretend für alle Gäste zu sehen. Unter anderem zeigt dies schon, dass die Frage nach der Anzahl der notwendigen Interviews an dieser Stelle nicht mit einer konkreten Zahl beantwortet werden kann, hängt sie doch maßgeblich davon ab, welche konkreten Ziele mit der Gästebefragung verfolgt werden. Jedenfalls zu beachten ist, dass alle interessierenden Gästegruppen in einer ausreichenden Anzahl in der Stichprobe vertreten sein sollten; das heißt, je mehr Zielgruppen einander gegenübergestellt werden sollen, desto mehr Interviews sind notwendig. Und in der Regel gilt: Je mehr (repräsentative) Interviews vorliegen, desto genauer lassen sich Aussagen für die jeweilige Grundgesamtheit der Gäste ableiten bzw. desto eher können signifikante Unterschiede zwischen einzelnen Zielgruppen behauptet werden. Tabelle 6.1 fasst die Forschungsinteressen der GBOO und die Vorteile für Gastronomiebetriebe zusammen.

Die Inhalte der Befragung: der Fragebogen Inhaltlich steht die Erhebung der Gästezufriedenheit im Vordergrund. Neben der Gesamtzufriedenheit gibt es Fragen zur Zufriedenheit mit den folgenden Teilbereichen: Speisenangebot (Art und Umfang), Qualität der Speisen, Getränkeangebot, Kompetenz der Mitarbeiter im Service, Freundlichkeit der Mitarbeiter im Service, Öffnungszeiten, Sauberkeit, Atmosphäre/Flair und Preis-Leistungs-Verhältnis. Erhoben werden diese Zufriedenheitsurteile anhand einer symmetrischen sechsstufigen Skala von „1 = sehr zufrieden" bis „6 = sehr unzufrieden". Darüber hinaus werden Eckdaten des Besuches bzw. Besuchers erhoben: Zeitpunkt, Begleitung,

Tab. 6.1 Forschungsinteressen und Vorteile der GBOO für Gastronomiebetriebe

GBOO-Forschungsinteressen	GBOO-Vorteile für Gastronomiebetriebe
Geplant ist die Untersuchung der Frage, inwieweit Online-Befragungen in der Tourismus- und Freizeitwirtschaft vergleichbare Ergebnisse zu, zum Beispiel durch persönliche Interviews erhobenen Daten liefern können	Hinsichtlich der Festlegung der möglichen Untersuchungsziele (Gästestruktur, Gästezufriedenheit und Gästeverhalten) und des Erhebungsdesigns (Datenerhebungsmethode, -zeitraum, Stichprobenumfang, -auswahl usw.) wird Unterstützung gegeben; optional kann das Erhebungsdesign vollständig entwickelt werden.
	Es muss keine Entscheidung über die Online-Umfrage-Applikation und die damit verbundene Frage zur Datensicherheit (insbesondere, wenn personenbezogene Daten erhoben werden) getroffen werden. Auch die Programmierung des Fragebogens und die Datensicherung entfallen. Solange es dazu eine „Forschungsförderung" gibt, entstehen den Betrieben keine damit in Zusammenhang stehenden Datenerhebungskosten!
Geplant ist eine experimentelle Untersuchung, ob verschiedene, die Datenerhebung begleitende (kommunikationspolitische) Maßnahmen in Bezug auf den Umfang und die Qualität der erzielten Stichprobe zu unterschiedlichen Ergebnissen führen	Daraus können konkrete Empfehlungen zu vielversprechenden die Datenerhebung begleitenden (kommunikationspolitischen) Maßnahmen abgeleitet werden.

Kontext (privat oder beruflich), Besuchserfahrung, soziodemografische Merkmale wie Geschlecht, Alter, höchste abgeschlossene Schulbildung sowie Wohnsitz und bei Urlaubs- und Geschäftsreisenden auch deren reisebezogene Werte und Einstellungen. Angeboten wird der GBOO-Fragebogen in den folgenden sieben Sprachversionen: Deutsch, Englisch, Italienisch, Französisch, Spanisch, Russisch und Slowakisch. Weitere Übersetzungen, insbesondere auf Niederländisch, sind geplant bzw. können von den die GBOO nutzenden Betrieben/Institutionen jederzeit beigesteuert werden.

Die Fragebogeninhalte werden kontinuierlich diskutiert und, falls erforderlich, an aktuelle Entwicklungen innerhalb der Gastronomie angepasst. Im Interesse des Zeitvergleiches und des Benchmarkings zwischen Gastronomiebetrieben, aber auch über Module hinweg (z. B. bezogen auf die Gesamtzufriedenheit, die Zufriedenheit mit dem gastronomischen Angebot oder mit der Atmosphäre; siehe Abb. 6.3), werden diese Änderungen jedoch so gering wie möglich gehalten. Eine Erweiterung wird nichtsdestotrotz derzeit evaluiert; in Fortführung des Forschungsprojektes zu den kulinarischen Grundeinstellungen der Gäste von Gastronomiebetrieben (siehe Kap. 2) könnte eine im Vergleich zum dortigen Originalfragebogen deutlich reduzierte Fragenbatterie in die GBOO mit aufgenommen werden, die anhand multivariater Datenanalyseverfahren aber die Zuordnung der einzelnen Gäste auf die einzelnen Typen, wahlweise versehen mit einem bestimmten Wahrscheinlichkeitswert, erlaubt. Über das reine Forschungsinteresse hinaus kann diese zusätzliche Information über ihre Gäste auch den Gastronomiebetrieben wertvolle Hinweise für die Angebotsgestaltung bzw. Kommunikationspolitik geben.

Der vollständig standardisierte GBOO-Fragebogen kann innerhalb kürzester Zeit beantwortet werden; wird nur ein Gastronomiebetrieb beurteilt und kein weiteres Modul ausgewählt, dann liegt die durchschnittliche Ausfülldauer bei drei Minuten. Dies wird von den Gästen sehr geschätzt und wiederholt sogar im offenen Feedback-Feld als positiv vermerkt. Der inhaltlich stark konzentrierte Umfang der Fragen zu Gastronomiebetrieben resultiert einerseits aus dem gemeinsam mit interessierten Unternehmern entwickelten Konzept der GBOO als kostengünstiges Einsteigermodell oder als das bereits erwähnte kontinuierlich einzusetzende Basisinstrument. Andererseits ergeben sich aus dem forschungsgetriebenen modularen Aufbau des GBOO-Fragebogens inhaltliche Restriktionen bzw. die Auslagerung bestimmter Fragen in andere Module. Indirekt hat das für die Betriebe zur Folge, dass die Versuchung reduziert wird, nur punktuell Gästebefragungen durchzuführen, dann aber viel zu viele Themen/Fragen in den Fragebogen „hineinzupacken" und damit Daten zu erheben, deren Validität infrage zu stellen ist. Tabelle 6.2 fasst die Forschungsinteressen der GBOO und die Vorteile für Gastronomiebetriebe zusammen.

Die Datenanalyse und die Ergebnispräsentation Den Gastronomiebetrieben, die einen individuellen Link für die Datenerhebung nutzen, stehen ihre wichtigsten Ergebnisse online jederzeit zur Verfügung. Nach einem Login mit Benutzernamen und Passwort werden alle Betriebe, die für diesen Nutzer freigeschalten sind, im Online-Report angezeigt. In der Regel ist dies nur einer; im Falle von Ketten-/Filialunternehmen oder wenn zum Beispiel ein Tourismusberater verschiedene Betriebe betreut, können das mehrere sein (in diesen Fällen ist auch ein betriebsübergreifendes Benchmarking möglich). Grafische bzw. tabellarische Darstellungen gibt es zu den folgenden Inhalten: Anzahl der ausgefüllten Fragebögen, durchschnittliche Zufriedenheitswerte, Geschlecht, Durchschnittsalter, Besuchserfahrung (Erstbesucher, Zweitbesucher und jene Gäste, die den Gastronomiebe-

Tab. 6.2 Forschungsinteressen und Vorteile der GBOO für Gastronomiebetriebe

GBOO-Forschungsinteressen	GBOO-Vorteile für Gastronomiebetriebe
Die Auswirkungen der Art der Skalenbeschriftung (symmetrisch oder asymmetrisch) auf die Skalenausnutzung durch die Befragten und auf die sich daraus ergebenden Ergebnisse sollen untersucht werden	Der Aufwand für die Fragebogenentwicklung und die damit zum Beispiel in Zusammenhang stehende Entscheidung über die einzusetzenden Skalen entfällt. Solange es dazu eine „Forschungsförderung" gibt, entstehen den Betrieben keine Fragebogenentwicklungskosten und auch keine Kosten für seine Übersetzung in die durch die GBOO abgedeckten Sprachen!
Möglich ist eine kontinuierliche Fortführung und geografische Erweiterung der Analyse der Typologien zu den kulinarischen Grundeinstellungen der Gäste von Gastronomiebetrieben	Optional können Hinweise darauf abgeleitet werden, welche Gästetypen in Bezug auf deren kulinarische Grundeinstellungen es im Gastronomiebetrieb gibt.

trieb zumindest schon dreimal besucht haben), Besuchsbegleitung (allein, mit Partner/in, mit Kindern unter 14 Jahren, mit anderen Familienangehörigen, mit Freunden/Bekannten/ Kollegen), Herkunftsland (für Österreich und Deutschland zusätzlich Herkunftsbundesland) und Reisemotiv (ohne Übernachtung: Freizeit, Tagesausflug, beruflicher Termin; mit Übernachtung: Urlaubsreise, Geschäftsreise). Darüber hinaus werden die offenen Antworten als Textzitate aufgelistet. Dieser Online-Report kann nach den folgenden Kriterien, einzeln oder kombiniert, auch gefiltert werden: Altersgruppe, Geschlecht, Besuchserfahrung, Reisemotiv, Herkunfts-(Bundes-)Land und Besuchszeitraum; die Filtersetzung nach dem Besuchszeitraum ermöglicht ein internes Benchmarking über Zeiträume hinweg. In diesem Zusammenhang muss jedoch beachtet werden, dass deskriptive Stichprobenergebnisse nicht eins zu eins für die Grundgesamtheit gelten; nicht aus den Augen verloren werden sollten hier die Faktoren „Unsicherheit" sowie „Ungenauigkeit": Die Ergebnisse repräsentativer Stichproben gelten nur mit einer gewissen Vertrauenswahrscheinlichkeit (meist werden hier 95 % eingesetzt) und innerhalb einer gewissen Schwankungsbreite auch für die Grundgesamtheit.

Fallweise werden daher die GBOO-Daten in einen SPSS-Datensatz exportiert. Dieser bildet die Basis für die angeführten Forschungsarbeiten und für Auftragsprojekte, bei denen für GBOO-Teilnehmer optionale, maßgeschneiderte Datenanalysen (z. B. Signifikanztests, die dann Aussagen darüber erlauben, ob Stichprobenergebnisse auch für die Grundgesamtheit behauptet werden können; multivariate Analysen usw.) und entsprechende Ergebnisberichte erstellt werden. Auszugsweise und anonymisiert dient der Datensatz als Datengrundlage in Marktforschungslehrveranstaltungen an Universitäten und Fachhochschulen sowie für Bachelor- oder Masterarbeiten am Institut für Tourismusmanagement der FHWien der WKW. Auf Anfrage kann er, ebenfalls auszugsweise und anonymisiert, den teilnehmenden Betrieben zur Verfügung gestellt werden. Die Verwendung dieser Daten setzt zwar gewisse Grundkenntnisse der Datentransformation und der Datenanalyse voraus, in immer mehr Unternehmen ist jedoch das Know-how vorhanden, diese Datensätze anlassbezogen und im Vergleich zu den standardisierten, deskriptiven Online-Reports tiefgreifender selbst analysieren zu können. Dieser Wunsch, auf die „Rohdaten" zurückgreifen zu können, wurde bereits in der Entwicklungsphase der GBOO von der Tourismuswirtschaft formuliert und wird durch das Wort „offen" im Projektnamen „Gäste-/Besucherbefragung – offen und online" ebenso zum Ausdruck gebracht wie der Umstand, dass die Nutzung des Online-Fragebogens der GBOO einem sehr weit gefassten Nutzerkreis offensteht. Tabelle 6.3 fasst die Forschungsinteressen der GBOO und die Vorteile für Gastronomiebetriebe zusammen.

Prototypischer Ablauf einer Gästebefragung in der Gastronomie Die obigen themenbezogenen Zusammenfassungen zu den Vorteilen der GBOO für Gastronomiebetriebe können auch als Darstellung der bei der Durchführung einer Gästebefragung anstehenden Aufgaben und Entscheidungen gelesen werden. Unabhängig von der GBOO, jeweils nur grob skizziert – für detaillierte Ausführungen und umfassende Begriffsdefinitionen/-abgrenzungen muss an dieser Stelle auf die einschlägige Literatur zu Marktforschung und

Tab. 6.3 Forschungsinteressen und Vorteile der GBOO für Gastronomiebetriebe

GBOO-Forschungsinteressen	GBOO-Vorteile für Gastronomiebetriebe
	Es ist ein Online-Report zu den wichtigsten Ergebnissen, inkl. Filtermöglichkeiten, verfügbar. Solange es dazu eine „Forschungsförderung" gibt, entstehen den Betrieben keine damit in Zusammenhang stehenden Kosten für die Online-Berichtslegung! Analysen können anlassbezogen unter Nutzung des zur Verfügung gestellten SPSS-Datensatzes selbst durchgeführt werden. Aktuelle Ergebnisse liegen immer dann vor, wenn sie benötigt werden.
Untersucht werden soll unter anderem, ob und wie die Zufriedenheit mit anderen, vor bzw. nach dem Gastronomiebetrieb besuchten Leistungsträgern der Tourismus- und Freizeitwirtschaft im weitesten Sinn (z. B. einem Museum, einem Theater oder einem Beherbergungsbetrieb) die Zufriedenheit mit dem Gastronomiebetrieb beeinflusst.	Erkenntnisse dazu können für die Interpretation der Ergebnisse der Gästezufriedenheit wichtig sein und eventuell können sie in die Gestaltung konkreter Marketingaktivitäten (z. B. Kooperationen) mit einfließen.
Insgesamt zu bestimmten Leistungsträgern einer Destination (z. B. der Gastronomie) erhobene Zufriedenheitsurteile sollen den aggregierten Beurteilungen einzelner Betriebe vergleichend gegenübergestellt werden.	Exkurs: Informationen darüber, ob eine solche Bottom-up-Strategie zielführend ist, richten sich eher an Tourismusorte, Regionen oder Destinationen.
Die Aussagekraft der berechneten Wichtigkeit („derived importance") einzelner Teilleistungen des Angebotes (z. B. für die Gesamtzufriedenheit) soll, eventuell um zielgruppenspezifische Analysen erweitert, untersucht werden.	Daraus können Empfehlungen zu den Vorteilen und Limitationen beim Einsatz dieses methodischen Ansatzes und bei der Nutzung der sich daraus ergebenden Ergebnisse abgeleitet werden.
Geplant ist ein Vergleich ausgewählter Gäste- bzw. Besuchertypologien, die sich einerseits aus Befragungen zur Alltagswelt und andererseits aus den reisebezogenen Werten und Einstellungen des GBOO-Fragebogens ergeben.	Daraus ergeben sich Empfehlungen zu den Vorteilen und Limitationen bei der Integration von standardisierten Besuchertypologien.

Datenanalyse verwiesen werden – und sequenziell dargestellt, handelt es sich dabei aus der Sicht der Tourismuswirtschaft vor allem um die folgenden Punkte:

a. Die Festlegung eines klaren Zieles für die Gästebefragung (die Formulierung der Forschungsfrage):

Dabei wird möglichst konkret formuliert, welche Informationslücken durch die Gästebefragung geschlossen werden sollen und welchen Teilbereichen des Marketings diese neuen Erkenntnisse dienen. Schon hier kann zum Ausdruck gebracht werden, ob

es sich bei den Ergebnissen um eine Momentaufnahme handelt (Querschnittsuntersu-
chung) oder ob die Entwicklung der Ergebnisse im Zeitablauf untersucht werden soll
(Längsschnittanalyse).

b. Die eindeutige Abgrenzung der Gästegruppe, zu der neue Erkenntnisse erwartet werden
    (die Definition der Grundgesamtheit):
    In vielen Fällen ist schon in dieser Projektphase klar, dass durch eine machbare Ausge-
    staltung der Datenerhebung (bezogen auf den Zeitraum, die Art der Datenerhebung, die
    Sprachversionen des Fragebogens usw.) nicht alle Gästegruppen erreicht werden kön-
    nen. Dies wird durch die konkrete Formulierung der Grundgesamtheit zum Ausdruck
    gebracht. Zu beachten ist in diesem Zusammenhang, dass Kinder (unter 14-Jährige) nur
    mit dem Einverständnis bzw. im Beisein eines gesetzlichen Vertreters befragt werden
    dürfen.

c. Die grundlegende Entscheidung für einen qualitativen und/oder einen quantitativen
    Zugang:
    Sollen relativ wenige Gäste mittels eines unstrukturierten Gesprächsleitfadens in die
    Tiefe gehend (qualitativ) interviewt werden oder soll eine relativ große Anzahl an Gäs-
    ten mittels eines stark strukturierten Fragebogens (quantitativ) befragt werden? In der
    Regel sind nur die Ergebnisse von quantitativen Studien generalisierbar, das heißt auf
    die Grundgesamtheit übertragbar.

d. Die Definition der Datenerhebungstechnik:
    Vorort können zum Beispiel schriftliche Befragungen oder persönliche Interviews
    durchgeführt werden, im Anschluss an den Besuch bietet sich eine Online-Befragung
    an, und unabhängig vom Besuch des Gastronomiebetriebes können Fokusgruppen
    interessante Ergebnisse liefern. In manchen Fällen können ergänzende Gästebeobach-
    tungen, Mystery Visits oder die Kombination mit Feldexperimenten sinnvoll sein. Zu
    Methodenkombinationen ist anzumerken, dass unterschiedliche Erhebungsmethoden
    in der Regel zu unterschiedlichen Ergebnissen führen. In diesem Zusammenhang stel-
    len sich auch die Fragen nach einem Incentive, eventuell einem Gewinnspiel, für die
    Befragungsteilnehmer sowie nach begleitenden kommunikativen Maßnahmen, die zu
    einer Beteiligung an der Befragung motivieren sollen.

e. Die Formulierung des Fragebogens, Gesprächsleitfadens oder Beobachtungsbogens:
    Hierbei handelt es sich wahrscheinlich um eine der herausforderndsten und wichtigs-
    ten Aufgaben. Zu entscheiden ist über die Formulierung, die Reihenfolge sowie die
    Anzahl der Fragen und der angebotenen Antwortmöglichkeiten. Bei Letzteren stellt
    sich überdies die Frage nach den zu verwendenden Skalen, anhand derer die Antworten
    erfasst werden sollen. Fallweise können angestrebte Vergleiche es notwendig machen,
    sich an den Fragebögen anderer Projekte zu orientieren. Die Erfahrung zeigt jedoch,
    dass ein „Copy-and-paste" von Fragen nur in Ausnahmefällen, wie dem genannten, zu
    empfehlen ist. Eine intensive Auseinandersetzung mit dem Fragebogen erfordert des
    Weiteren möglicherweise notwendige Filterführungen, das heißt, dass sich der wei-
    tere Fragebogenverlauf nach gegebenen Antworten richtet, und zu berücksichtigende
    Plausibilitätsüberprüfungen. Und all das muss den Gütekriterien der Objektivität, der
    Reliabilität und der Validität genügen (siehe oben). Immer wieder vergessen wird auch,

dass eventuell nicht nur der Fragebogen in weitere Sprachen übersetzt werden muss, sondern dass dann die Antworten auf enthaltene offene Fragen in Fremdsprachen gegeben werden und ebenfalls übersetzt werden müssen.

f. Die Festlegung des Stichprobenumfanges und des Stichprobenauswahlverfahrens:
Bei einem gewählten quantitativen Zugang richtet sich die Anzahl der notwendigen Interviews im Wesentlichen nach der gewünschten Genauigkeit der Ergebnisse: Statistisch kann das zum Beispiel als maximale Schwankungsbreite rund um ermittelte Anteilswerte gesehen werden. Je größer die gewünschte Genauigkeit der Ergebnisse bzw. je größer die Anzahl einzeln zu betrachtender Gästegruppen ist, desto mehr Interviews sind notwendig. Hinsichtlich der Auswahl der zu befragenden Personen gibt es eine ganze Reihe von Verfahren; ausgewählte Beispiele enthält der obige Abschnitt zu den Datenerhebungsmethoden. Allenfalls ist hinsichtlich dieser beiden Punkte auch der Anforderung der Repräsentativität Augenmerk zu schenken.

g. Die Analyse der erhobenen Daten:
In Abhängigkeit von den unter Punkt a formulierten Zielen der Gästebefragung sind mehr oder weniger umfangreiche Analysen der strukturiert erfassten (verkodierten), kontrollierten, gegebenenfalls bereinigten und transformierten Daten notwendig. Meist wird dabei ein Tabellenkalkulationsprogramm (z. B. Excel) oder ein spezialisiertes Programm für statistische Analysen (z. B. SPSS oder R) eingesetzt – sehr vereinzelt wird, in der Regel als Basislösung, nur der Online-Report von Online-Umfrage-Anbietern verwendet. Stark eingeschränkte Analysemöglichkeiten gibt es, wenn ausschließlich auf Tabellenbände mit vordefinierten „Breaks“, die Teilstichproben beschreiben, zurückgegriffen werden kann.

h. Die Ergebnisdarstellung:
Auch sie richtet sich im Wesentlichen nach den Projektzielsetzungen; über Online-Reports hinausgehende schriftliche Berichte sind häufig in der Form von kommentierten Grafiken und Tabellen gestaltet. Bei zum Beispiel als Grafiken veröffentlichten Ergebnissen, etwa im Rahmen einer Pressemitteilung, ist es für den Leser hilfreich, wenn der Stichprobenumfang (abgekürzt als „n = “), der Erhebungszeitraum und eventuell die Datenerhebungsmethode angeführt werden.

In einem Tourismusforschungskontext kommen noch weitere Punkte dazu, wie etwa Literaturrecherchen, die Formulierung von Hypothesen bzw. die Entwicklung eines Hypothesenmodells oder die vollständige Definition des Forschungsdesigns.

6.2 Ausgewählte GBOO-Ergebnisse

Die folgenden Ergebnisse beruhen auf einem Auszug aus den GBOO-Daten des Zeitraumes Juni 2011 bis Juli 2014; hier wurden in $n = 817$ ausgefüllten Fragebögen 136 österreichische Gastronomiebetriebe beurteilt (die GBOO insgesamt beinhaltet auch Daten aus anderen Ländern). Diese Ergebnisse sind nicht repräsentativ für die Gesamtheit der Gäste in österreichischen Gastronomiebetrieben während des genannten Erhebungszeitraumes, sondern sind maßgeblich durch die die GBOO nutzenden Betriebe bestimmt; dennoch kann an ihrem Beispiel exemplarisch demonstriert werden, welche Analysen mit den durch die GBOO erhobenen Daten möglich sind:

43 % der Befragten sind weiblich, 57 % männlich; ihr Durchschnittsalter liegt bei 38 Jahren, sie sind überdurchschnittlich gut gebildet und rund 90 % von ihnen haben ihren ständigen Wohnsitz in Österreich. 62 % haben den beurteilten Gastronomiebetrieb in ihrer Freizeit besucht, 24 % im Zuge eines beruflichen Termins, 13 % während einer Urlaubs- oder Geschäftsreise (mit durchschnittlich 3,6 Übernachtungen) und 1 % im Rahmen eines Tagesausflugs. 27 % waren alleine, 15 % in Begleitung ihres Partners, 1 % gemeinsam mit Kindern unter 14 Jahren, 7 % mit anderen Familienangehörigen und 61 % mit Freunden/ Bekannten/Kollegen zu Gast (hier sind Mehrfachnennungen möglich). Die überwiegende Mehrzahl der Urteile bezieht sich auf Restaurants/Wirts-/Gasthäuser sowie auf Szenelokale/Bars/Diskotheken; nur vereinzelt wurden bis jetzt Kaffeehäuser und sonstige Gastronomiebetriebe (Imbisse, Kantinen usw.) beurteilt. 22 % der Befragten haben den Gastronomiebetrieb zum ersten Mal besucht, 8 % zum zweiten Mal und 70 % bereits mindestens zum dritten Mal.

Wenn jedem beurteilten Betrieb die gleiche Bedeutung beigemessen wird, wenn sie also unabhängig von der Anzahl der ausgefüllten Fragebögen bzw. der Anzahl der Sitzplätze/Gäste gleich gewichtet werden, dann ergeben sich die in Abb. 6.1 dargestellten durchschnittlichen Zufriedenheitswerte. Aus einer entsprechenden Ergebnisaufbereitung auf einzelbetrieblicher Ebene lassen sich wertvolle Hinweise auf vorhandene Stärken und Schwächen ableiten; insbesondere, wenn Entwicklungen im Zeitverlauf beobachtet werden oder wenn entsprechende Vergleichswerte (Benchmarks) aus anderen Betrieben zur Verfügung stehen. Vertiefend können die Antworten der Befragten auf die offene Frage „Hier können Sie uns noch weitere Kritikpunkte, Anregungen oder Verbesserungsvorschläge wissen lassen; auch positives Feedback ist natürlich willkommen!" herangezogen werden.

Setzt man diese abgefragten Zufriedenheitswerte in Beziehung zu indirekt berechneten „Wichtigkeiten" („derived importance") der einzelnen Teilbereiche für die Gesamtzufriedenheit, dann kann die bekannte Darstellung einer Importance-Performance-Matrix (siehe Abb. 6.2) gestaltet werden. Je weiter rechts hier ein untersuchter Teilbereich des Angebotes angeführt ist, desto zufriedener sind die Gäste damit; je weiter oben sich ein Teilbereich findet, desto „wichtiger" ist er – eigentlich aber: desto stärker korreliert er mit der Gesamtzufriedenheit. Das heißt, dass auch in diesem Zusammenhang der Unterschied zwischen Korrelation und Kausalität zu beachten ist. Vorsicht ist also geboten, wenn daraus konkrete Marketingmaßnahmen abgeleitet werden sollen; unabhängig von der generellen Methodendiskussion rund um das Konzept der „derived importance" ist festzuhalten, dass es sich dabei häufig um eine reine Momentaufnahme handelt.

Insgesamt mit dem Gastronomiebetrieb jeweils vergleichsweise zufriedener sind Gäste, die ihn in Begleitung besuchen (im Vergleich zu Gästen, die alleine sind), und ausländische Gäste (im Vergleich zu Inländern); die Zufriedenheit steigt mit zunehmendem Alter. Hinsichtlich weiterer soziodemografischer Merkmale und überraschenderweise auch

Abb. 6.2 Importance-Per-formance-Matrix. (Eigene Darstellung)

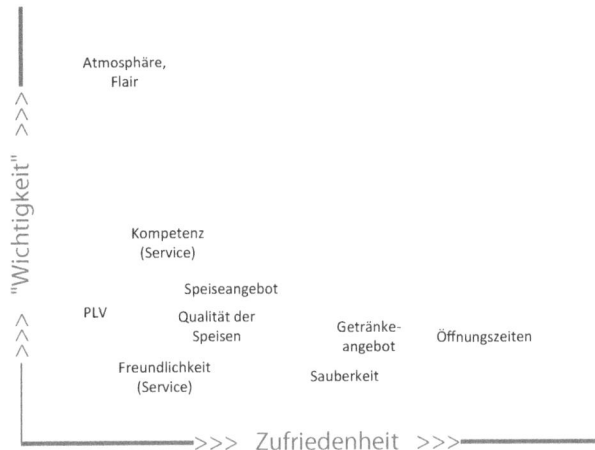

nicht in Bezug auf die Besuchserfahrung zeigen sich in diesen betriebsübergreifenden Daten keine Unterschiede in der Gesamtzufriedenheit. Bei der Analyse der Gästezufriedenheit für einen einzelnen Gastronomiebetrieb können dementsprechend nicht nur die Gesamtzufriedenheit, sondern auch die untersuchten Teilbereiche des Angebotes im Detail betrachtet werden. Insbesondere unter Berücksichtigung der relevanten Zielgruppen des Betriebes lassen sich aus den dabei ermittelten signifikanten Unterschieden bzw. Zusammenhängen Empfehlungen für die Angebotsgestaltung und/oder für kommunikationspolitische Maßnahmen ableiten.

Für die möglichen Zielgruppen der Urlaubs- und Geschäftsreisenden stehen über die soziodemografischen und allgemeinen besuchsbeschreibenden Merkmale hinaus auch noch Informationen zu deren reisebezogenen Werten und Einstellungen zur Verfügung. Dabei handelt es sich um die folgenden Aussagen, die analog zur Erhebung der Zufriedenheit anhand einer sechsstufigen Punkteskala von „0 = trifft absolut nicht auf mich zu" bis „100 = trifft 100 %ig auf mich zu" gemessen, hier absteigend nach ihrer durchschnittlich erreichten Punktezahl gereiht und hinsichtlich ihres Zusammenhanges mit den erhobenen Zufriedenheitsurteilen beschrieben werden ($n = 93$):

- „Auch auf Reisen versuche ich, mich verantwortungsvoll gegenüber der Umwelt und anderen Menschen sowie meinem Körper zu verhalten."
- „Auf Reisen interessiere ich mich ganz besonders für die lokale Kultur – auch für die regionaltypischen Speisen und Getränke."
Jene Befragten, die sich für regionaltypische Speisen und Getränke interessieren, sind mit dem Gastronomiebetrieb insgesamt, mit der Qualität der Speisen und mit der Atmosphäre/dem Flair relativ zufriedener als jene, die daran weniger Interesse zeigen. Ergebnisse dieser Art können nicht nur für einzelne Gastronomiebetriebe interessant sein, sondern in aggregierter Form auch für Regionen/Destinationen, die die Kulinarik als Positionierungsmerkmal gewählt haben.

- „Auch auf Reisen achte ich auf eine hohe Qualität der Produkte und Dienstleistungen."
  Urlaubs- und Geschäftsreisende, die das von sich behaupten, sind mit dem beurteilten
  Gastronomiebetrieb insgesamt, mit der Qualität der und mit dem Angebot an Speisen
  relativ zufriedener als Reisende, die dieser Aussage weniger stark zustimmen. Für Gas-
  tronomiebetriebe, die sich einer Qualitätsorientierung verschrieben haben, wäre das ein
  positives Signal.
- „Auf Reisen will ich vor allem Neues kennenlernen – dem Bildungsaspekt kommt da-
  bei ein hoher Stellenwert zu."
- „Auch auf Reisen bin ich sportlich sehr aktiv."
- „Im Urlaub will ich mich vor allem gut unterhalten."
  Das Segment, auf das diese Aussage zutrifft, ist mit dem beurteilten Gastronomiebe-
  trieb insgesamt und mit der Atmosphäre/dem Flair relativ zufriedener als diejenigen
  Befragten, die das eher weniger wollen. Auf einzelbetrieblicher Ebene wäre damit eine
  zielgruppenspezifische Stärke identifiziert bzw. bestätigt worden.
- „Im Urlaub suche ich vor allem Ruhe und Ausgleich – Wellness und Wohlfühlen stehen
  im Vordergrund."
  Einen analogen Befund gibt es für ein weiteres Segment, das im Vergleich zu den
  Unterhaltungsorientierten wahrscheinlich einen anderen Betrieb gewählt/beurteilt hat:
  Gäste mit dieser formulierten Erwartung sind mit der Atmosphäre/dem Flair ebenfalls
  relativ zufriedener.
- „Auch auf Reisen kümmere ich mich ganz besonders um das Wohlergehen meines
  Partners/meiner Familie/meiner Kinder."
  Gäste, die dieser Aussage zustimmen, sind mit dem beurteilten Gastronomiebetrieb
  insgesamt, mit der Qualität der und mit dem Angebot an Speisen sowie mit der Atmo-
  sphäre/dem Flair relativ zufriedener. Liegt ein vergleichbares Ergebnis auf einzelbetrieblicher Ebene vor, ist die inhaltliche Beurteilung von der Zielgruppenorientierung
  des Betriebes abhängig.
- „Meine Reisen zeigen auch, dass ich es beruflich zu etwas gebracht habe."

Mithilfe datenverdichtender Methoden (z. B. der Faktoren- und der Clusteranalyse) lassen
sich aus diesen Werten und Einstellungen Besuchertypen identifizieren (zukünftig könnten diese um deren kulinarische Grundeinstellungen erweitert werden). In Fortführung
der obigen exemplarischen Analysen ergäbe das zum Beispiel den „Sportlichen Allein-
besucher" (männlich, überdurchschnittlich oft Inländer, Akademiker und in Restaurants/
Wirts-/Gasthäusern anzutreffen; mit durchschnittlich 47 Jahren am ältesten), den „Kultur-
und unterhaltungsorientierten Gast" (eher weiblich; überdurchschnittlich oft mit Freun-
den/Bekannten/Kollegen unterwegs und in Szenelokalen/Bars/Diskotheken anzutreffen;
mit durchschnittlich 31 Jahren am jüngsten), den „Sozialen Wohlfühlgast" (eher weiblich,
überdurchschnittlich oft mit dem Partner und mit Kindern unter 14 Jahren unterwegs) und
den „Unauffälligen Durchschnittsgast" (überdurchschnittlich oft mit dem Partner unterwegs).

Abb. 6.3 Vergleichbare Zufriedenheitswerte über Module hinweg. (Eigene Darstellung)

Abschließend enthält Abb. 6.3 noch die im Abschnitt „Die Inhalte der Befragung: der Fragebogen" angesprochenen, GBOO-internen, modulübergreifenden und exemplarischen Benchmarks zur Zufriedenheit mit jenen Teilbereichen, die ident bzw. in ähnlicher Formulierung in verschiedenen Modulen vorkommen. Diese Ergebnisse sind daher im Gegensatz zu jenen der Abb. 6.1 nicht gewichtet. Neben der Gesamtzufriedenheit mit einzelnen Teilbereichen der Tourismus- und Freizeitwirtschaft im weitesten Sinne sind das: das jeweils gebotene gastronomische Angebot, unter anderem auch als Pausenverpflegung bei Veranstaltungen; die Atmosphäre/das Flair; die Freundlichkeit, zum Beispiel der Mitarbeiter im Service; die Öffnungszeiten; die Sauberkeit und das Preis-Leistungs-Verhältnis.

Alles in allem liegt mit der offenen Online-Gäste-/Besucherbefragung (GBOO) ein beständig wachsender „Datenschatz" vor, der hoffentlich sowohl in der Form eher einfacher, deskriptiver Auswertungen, wie sie zum Beispiel die Online-Reports liefern, als auch durch anlassbezogene multivariate Datenanalysen, wie sie exemplarisch in diesem Abschnitt skizziert wurden, interessante Anknüpfungspunkte für einzelne Betriebe bzw. Institutionen sowie auch für die Tourismusforschung und -ausbildung bereitstellt.

Lizenz zum Wissen.

Sichern Sie sich umfassendes Wirtschaftswissen mit Sofortzugriff auf tausende Fachbücher und Fachzeitschriften aus den Bereichen: Management, Finance & Controlling, Business IT, Marketing, Public Relations, Vertrieb und Banking.

Exklusiv für Leser von Springer-Fachbüchern: Testen Sie Springer für Professionals 30 Tage unverbindlich. Nutzen Sie dazu im Bestellverlauf Ihren persönlichen Aktionscode **C0005407** auf *www.springerprofessional.de/buchkunden/*

Jetzt 30 Tage testen!

Springer für Professionals.
Digitale Fachbibliothek. Themen-Scout. Knowledge-Manager.

- 🔍 Zugriff auf tausende von Fachbüchern und Fachzeitschriften
- 🕑 Selektion, Komprimierung und Verknüpfung relevanter Themen durch Fachredaktionen
- 📎 Tools zur persönlichen Wissensorganisation und Vernetzung

www.entschieden-intelligenter.de

Springer für Professionals  Springer

The manufacturer's authorised representative in the EU is Springer
Nature Customer Service Centre GmbH, Europaplatz 3, 69115 Heidelberg,
Germany. If you have any concerns regarding our products, please
contact ProductSafety@springernature.com

Printed and bound by CPI Group (UK) Ltd, Croydon, CR0 4YY
27/04/2026
02097971-0008